職場のトリセツ

職場使用說明書

透過 AI 解析大腦神經迴路，掌握持續進化的法則！

黑川伊保子 著
黃筱涵 譯

前言

腦中有所謂「第一秒使用的神經迴路」，且這時登場的神經迴路因人而異。就像快要跌倒時，有人第一秒伸出的是右手，有人則是左手一樣；有些人受到驚嚇時會跳起，有些人則會往後仰。

遇到問題時，有些人會回想「前因後果」以找出根本原因，有些人則會專注於「現在能做的事情」急著要解決問題。

正因爲人腦類型如此豐富，才能夠生存至今。這正是動物生態系統的基本關鍵。也就是說，**第一秒採取的言行與自己不同的人，正是能夠組成最強搭檔或團隊的對象**，相當珍貴。儘管如此，人類卻有著名爲「想像力」的麻煩習慣，會對「不願意與自己同調」的人產生質疑，甚至會冒出覺得對方很愚蠢的偏見。

身爲人工智慧研究者，我花了將近40年的時間專注於人腦第一秒會做的事情，也就是所謂的「感性」，因爲必須讓人工智慧認識這件事情。貼近人類的人工智慧，並不知道使用者「腦部的第一秒習慣」可能會引起不悅，有時甚至可能造成危險。

「腦部爲了自保，第一秒會做的事情」非常簡單，類型也不如想像中多。通常可以略分爲兩種，而且不會每次都產生變化。因爲如果「機制複雜、類型豐富且每次都會做出不同選擇」，人類就沒辦法在第一秒保護自己。

也就是說，對人工智慧來說，人類不是多麼複雜的生物。

讓人際關係變得複雜的，是人類本身。人們無法認同與自己不同的感性，所以會在搞不清楚他人言行的理由時，感到煩躁或是莫名火大。

在撰寫這本書的時候，我試著透過「人工智慧之眼」重新檢視職場人際關係；這本書與心理學最大的不同，在於並非使用「人類的眼睛」或「心理的眼睛」。改善職場人際關係的書籍已經琳瑯滿目，但是用「沒有自我的人工智慧之眼」去檢視的Know-how內容應該不多。我有信心，本書肯定會有令各位茅塞頓開的新發現，也會有覺得「曾經煩躁的事情突然變得好清爽」的時候。

我在「Comment liner」（時事通信社的專欄電子報服務）的專欄從四年前開始，固定分享我透過「人工智慧之眼」看待世間的隨筆。後來出版社提議要將專欄文章彙整成冊，既然獲得這個機會，我便進一步將本書打造成「商務人士必備的書籍」，推出這本最新的《職場使用說明書》，成果如何全賴各位判斷。

首先，讓我們一起透過人工智慧研究的角度，檢視人腦機制、職場人際關係、夫妻關係與世間的形形色色吧。

第3章 世界上沒有無用的腦——多元發展的優勢

第5章 領袖的條件——喚起幹勁與好奇心的祕訣

Chapter 1

職場使用說明書

掌握有效溝通技巧的

五大核心

為什麼主管無法理解？
為什麼部屬不願意努力理解？
為何職場總是充滿了人際關係造成的煩憂？

背後原因其實就出在腦部。
腦部有所謂「第一秒使用的神經迴路」，
主管與部屬，則使用了不同的迴路。
而人腦有個壞習慣，那就是對使用不同神經迴路的人感到不悅。

只要明白原因，就能夠找到應對方案。
為了打造出認同彼此差異的社會，要從認識人腦開始。

1

大腦的類型會影響一個人的言行舉止

多數人都誤以為「腦是萬能的，每個人的腦都相同」，所以總說著無論是誰，只要有心就能夠辦到。因此，遇到「不願意（或沒辦法）照著指示去做的人」，就會認為對方愚昧且不誠懇。

但是，大腦其實有各式各樣的類型。

確實從功能的齊全度來說，腦是萬能的。且每個人的大腦都是由相同器官所組成。然而，這不代表人腦隨時都能夠全力運作，因為大腦第一時間能夠使用的神經訊號數量有限。在做出某種判斷的瞬間，只能用到一部分的大腦而已。

這時如果還得迷惘該使用「哪個部分」就會非常危險，因此腦部會事前決定好「第一秒使用的神經迴路」，而這個「優先迴路」則分別有幾種不同的類型。

✦人類有慣用手的理由

其中一個例子就是慣用手。

如果腦部對右半身與左半身的認知完全相同，就無法躲避朝著身體正中央飛來的石頭。因爲還要花時間判斷「身體該往哪一方傾斜」，就會來不及閃避，跌倒時同樣也沒空思考「該伸出哪隻手比較利於支撐」。因此，腦部會事前決定好要優先使用那隻手。

這就是所謂的慣用手。如果眞的有人不具備慣用手，那麼，生存可能性大概會降低許多。因爲這樣的人跌倒時沒辦法伸手自保，從懸崖滑落的當下也無法立刻抓住岩石。世界上沒有任何一個民族是不具備慣用手的，這就是證據之一。

✦人類的週期性嘔吐症

有些人受到驚嚇時會跳起，有些人則會後仰。

受到驚嚇的下一秒會跳起的人（上半身會朝上打直），著地時身體會前傾，整體站姿較高；後仰的人（上半身往後仰並稍微後退），他們的姿勢則是往後且偏低。在遭受突如其來的攻擊時，這樣的組合可以立即前後布陣，同時顧及各種狀況。再加上如果兩個人的慣用手不同的話，防禦的範圍就能更大幅地拓展。

不同的人組成搭檔或團隊時，可以說是最強的組合。屬於社會性動物的人類，像這樣演化出的優秀腦部系統，正是我們從自然界中獲得的寶藏。

同樣的道理，人類「視線的第一秒運行方向」也有兩種。

首先是察覺到危機而感到不安時，「先觀望較寬廣的範圍，尋找在動的或任何有風險的事物」；另一種則是「一絲不漏地仔細觀察周遭，連氣息都不放過」。人們的第一秒視線，基本上就屬於以上兩者之一。

當然，還有思考的餘裕時，手、姿勢與視線都會派上用場。受過高度訓練的人，他們切換模式的速度較快，所以乍看之下彷彿沒有優先採用任何一種，但是依然有「第一秒所選擇的應對模式」。

順道一提，男性腦是從荒野狩獵一路進化至今，所以比較偏向「瞬間鎖定遠方在動的事物（危險的事物）」；而在育兒中進化的女性腦，則是「仔細觀察周遭」佔壓倒性多數。

當重要的事物遇到危險時，**男性會立即專注於外敵；女性則會專注於珍視的事物並滴水不漏地守護它**。人類就是透過這樣的搭配倖存至今的。

但人類卻會對「第一秒採取不同行動的他人」感到不快。

這是因爲必須探索對方的意圖。在「自己會這麼做」的情況下，遇到做法不同的人，可能會覺得他們愚蠢且無情。或者相信「有志者事竟成」時，也會擅自

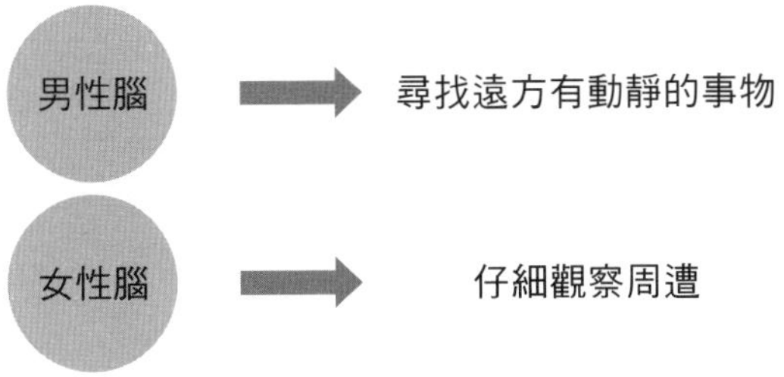

認爲對方是因爲「缺乏幹勁」才做不到。

預設好優先順序的第一秒迴路之所以有不同類型，正是人類爲了繁榮所演化出的優秀機制，儘管如此，人們卻會對表現不同的他人感到煩躁。我稱其爲「人類的週期性嘔吐症[1]」。所謂的週期性嘔吐症，是一種爲了自保而傷害自我健康的生物系統。

本書想告訴各位的是，如何透過了解「腦的類型」，學會祝福「第一秒採用不同言行的他人」。尤其雖然溝通用的迴路大致上只有兩種，世界上的溝通壓力卻多半因爲這層原因而找不到共識與交集。

1 非外來因素造成，反覆且定期的嘔吐。

✦最強搭檔

發生問題時，有人會反芻「前因後果」以探索根本原因，有人則會專注於「現在能做的事情」。看到這一段，想必你也認爲「兩者都是團隊不可或缺」、「兩者是最強搭檔」吧。

但是，當這兩種人在現實中相遇時，卻往往不對盤。因爲對話風格不同，步調也有差異，甚至可能會因此覺得對方很愚蠢（或很過分）。

事實上，大部分的夫妻，都是「第一秒言行模式相反的組合」。因此發生問題的時候，夫妻通常會對彼此感到不耐煩對吧？**最強的搭檔，有時候對彼此卻是最火大的**——放眼望去盡是這樣的證據（微笑）。

2 大腦用以「解決問題」的方式有兩種

世界上有第一秒會「反芻前因後果（過程）以接觸根本原因」的大腦。

這裡刻意使用「接觸」而非「探索」，是因爲對當事者來說就是如此。他們並非刻意去尋找「應該是那樣或這樣吧」的線索，而是放任情感去翻動記憶並接觸到深處的根本原因。事實上，這時他們找到的也通常是問題的核心。這是光憑意圖（也就是腦部思考處理）無法找到的、屬於直覺領域的眞理。

✦「前因後果派」所遭受的誤解

他們習慣放任情感去翻動記憶，也就是說，這種大腦的持有者會任由情緒波動，不斷訴說來龍去脈。「我告訴那個人○○之後，他就回答××，然後就發生了○○以及××，實在是太過分了。」他們會像這樣在腦中重新體驗這段記憶，試圖觸及潛藏其中的線索。

因此也會突然觸及問題的核心——「這麼說來，那個人的態度就是在這句話之後改變的……難道原因就在這裡嗎？原來他對這種事情抱有某種情結，若是這樣的話，我就太白目了。」

當然，這是非常好的「腦部問題解決機能」，但是旁人光聽談話內容根本感覺不到當事者解決問題的意圖，這時就會產生誤解。

對「專注於現在能做的事情」的人（以下簡稱「專注當下派」）來說，會因為看不見解決問題的意志（只是反覆咀嚼問題），而認為「前因後果派」過於情緒化且愚蠢。

另一方面，「前因後果派」較擅長掌握工作流程、解讀他人情緒，生活中經常可獲得正面評價，像是**直覺很準、適應力很強、工作細心、待人友善、想像力豐富等**。

因此整體來說，他們容易獲得這樣的評價：「這個人雖然很優秀，但是遇到問題時容易情緒化，完全不打算理解他人的立場。」

想想看，你身邊是不是也有同事曾獲得這樣的評價呢？

以社會人士的年齡層來說，前因後果派以女性居多，專注當下派則由男性佔多數。結果無論時代發生什麼樣的變化，幹練的女性社會人士仍經常獲得這方面的評價。

光是「容易情緒化，完全不打算理解他人的立場」這一點就是許多人常有的誤解。只要對這樣的人發揮同理心，花點心思聽他們說話，就能夠從其中找到「一針見血的答案」，打出一發漂亮的全壘打。即使找不到答案，跟隨「前因後果派」經歷過一輪「情感波動與記憶重播」之後，就能夠切換模式，專注於現在能做的事情。

但是在相同局面下會立刻專注於當下的人，就無法耐心等待前因後果派所講的話。那麼，究竟是哪邊有問題呢？

其實，兩者都沒問題。

對「專注當下派」來說，「前因後果派」會阻礙自己理解現況，是個麻煩的存在。而他們爲了讓自己的腦部能夠最大限度運作，當然就會試圖讓「前因後果派」閉嘴。

因此想要解決世界上的問題，第一步就是先明白「前因後果派」與「專注當下派」這兩種人的不同之處，以及隨之而來的對話模式。如此一來，才得以爲溝通揭開新的序幕。

✦「腦部使用方式」的性別差異

剛才提到以社會人士的年齡層來說，前因後果派以女性居多，專注當下派則是男性為主。事實上，未滿12歲與超過55歲的年齡層，並無如此明顯的性別差異。以退休夫婦來說，當老公試圖探討前因後果時，老婆堅定要求對方專注於當下的組合並不罕見。

會隨著年齡而出現傾向差異的理由，是因為腦部會為了「生殖與生存」而做出某些選擇。所以具有生殖能力的年齡層，容易出現強烈的性別差異，其中最明顯的就是處於育兒階段的夫婦。

✦男性腦是「獵人的後裔」

男性腦是在數萬年前隨著狩獵與地盤爭奪演化而來。他們必須踏入荒野、暴露於危險當中，所以能夠與同伴合作以保住性命，並且能帶回確實成果的男性，子孫數量當然也會比較多。因此發生事件時，反射性專注於當下的男性腦，正是讓他們倖存至今的一大助力。

此外，男性整體來說**偏好「敵我與勝負分明」，並且會本能性地追求實現目標（成果）的快感**。因爲這樣的個體在野外狩獵與爭奪地盤時，會更有機會倖存下來。

再加上危機察覺能力不夠高就無法生存，所以男性腦遇到「預料之外」、「難以預測的狀況」時反應會很強烈，產生的壓力也理應偏高。因此，男性腦偏好「既定模式」與「規則」，會信賴遵守規矩與秩序的人。即使他們認爲仰賴直覺、能夠臨機應變的人是「社會所必要的」，但是恐怕無法抱持好感。

身爲直覺敏銳與擅長臨機應變的女性腦，雖然對此有許多想法，但可以認同這是組織運作時不可或缺的「感性」。體認到這一點之後，我開始認爲那些頑固的男性其實也有可愛的一面，正因爲有人像這樣撐住巨大的屋頂，我們才能夠在下面自由奔跑。

數十年如一日地前往同一家理髮廳或居酒屋，即使是不合理的規則仍認眞遵守，並堅持做出成果的大叔們，正是「在狩獵與地盤爭奪中獲勝的男性後裔」。

男性的這種傾向，不僅存在於腦本身的內部，也會受到男性荷爾蒙的影響。男性荷爾蒙（＝睪固酮）會刺激好勝心、地盤意識與佔有欲，並創造出「毫無根據的開朗自信」與冒險欲望。

雖然有人認爲男女腦相同，但實際上應該仍略有差異的。因爲狩獵與育兒「第一秒要使用的神經迴路」並不一樣。

✦女性腦會藉由「交談」來保護子嗣

數萬年來，女性腦是在女性社群之間一邊育兒一邊進化而來。因此，同理能力較高的女性才能夠倖存。女性必須貼近他人心靈，有時甚至要協助哺餵他人的孩子，此外，也得留意孩子的變化並隨機應變才行。

在育兒現場裡，「漫無目的之閒談」是最重要的。

女性總是會忍不住向同伴提及發生在自己身上的事情。其中「孩子遇到危險並成功迴避的經驗」更是不能不說，這是因爲腦部會渴望再次體驗這些記憶，並藉由記憶的更新，避免再度讓孩子遇到危險。

聽者雖然本身沒有遭遇危險，卻能夠習得相同的智慧。這樣一來，說話者與聽者的育兒能力都會有所成長。

也就是說，愈能夠在漫無目的的閒聊中，重播情感波動方面的記憶，子孫的數量當然也會比較多。因此前因後果派才會以女性居多。

發揮直覺、順利掌握工作流程且能夠靈活應對各種事物，有時則會**放任情感波動地述說起「前因後果」**，**進而找到根本原因**——這正是幹練女性特有的腦部資質。

然而，某些由男性腦主導的組織，卻將直覺視爲「缺乏邏輯」，而且認爲其他人隨機應變的能力不值得信賴，並將閒談視爲「愚蠢」的東西，甚至把追究根底的態度當成「太執著」。

這邊當然希望男性能夠理解女性這方面的資質，不過女性自己也必須理解這種「優秀的素質」有多麼容易遭到誤解。

3 對話可以分成「過程導向」和「終點導向」

我將前因後果派所使用的神經迴路稱爲「**過程導向共感型**」。因爲這類人第一秒會注意到的是過程，並透過共感（同理）來推動對話。

「發生了這樣以及那樣的事情……」遇到問題時述說這些過程的人，若是在對話時聽到「這樣啊」、「我懂」、「眞辛苦」或是「眞好」、「太好了」等表現出理解的關鍵語，就能夠順利「重新體驗一次記憶」，進而獲得答案。

另外，我將專注當下派稱爲「**終點導向解決問題型**」。因爲這類人第一秒會著眼於終點，對話則是爲了解決眼前的問題。

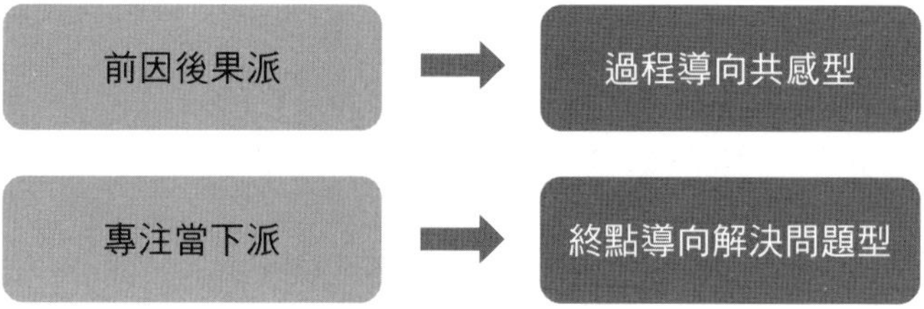

他們會試圖從對方的話語中，剔除情感與主觀，僅掌握客觀事實。也就是說，前因後果派藉由放任情感波動而述說的記憶，對他們來說幾乎都是廢話。所以會忍不住用「講到哪裡去了？」、「所以結論是？」等話語打斷。

專注當下派勤於確認事實（包含：何時、對象、內容、地點、怎麼做、爲什麼），並急著找到結論，他們很快就會提出「你這裡也有問題」、「應該這麼做」等建議。可以說是職場對話中的範本。當你想要立刻執行「現在能做的事情」時，沒有比這個更適合的對話模式了，但是這樣卻很難帶來深入體悟或超出預期的創意。

因此，當職場裡的成員偏向專注當下派時，想法就會受到限縮，而成爲「想不出好點子」、「直覺不佳」的團隊。所以，前因後果派與專注當下派都很重要，但遺憾的是，這兩類人在對話時卻經常雞同鴨講。不過，想要和睦相處其實是可以透過技巧達成的。

✦不分男女，都會發生主管與部屬之間的問題

此外，這兩者的對立並不局限於男女之間。主管與部屬在對話時，主管通常會是終點導向解決問題型，部屬則是過程導向共感型。即使主管是女性、部屬是男性時亦同。

主管屬於終點導向解決問題型是理所當然的，因爲這就是管理階層的職責。部屬會成爲過程導向共感型，原因往往在於**他們會試圖透過前輩的背影習得工作技巧**。

過程導向共感型的迴路，是左腦與右腦的連通迴路。右腦（感覺領域）與左腦（顯意識）會互相合作，絲毫不放過眼前人的每一次呼吸、每一個舉動、每一

句話。育兒中的女性會運用這種迴路，站在「仰慕的主管」面前的部屬亦如此。因此，主管容易覺得部屬的話語「沒有重點」，部屬會認爲主管「不理解自己」。夫妻間的溝通壓力，也往往源自於此。

「
- **主管：多屬於終點導向型。**
- **部屬：多屬於過程導向型。**
」

在近十年之前，女性管理階層人數較少，男性主管vs女性部屬的組合壓倒性地多，讓人誤以爲這是性別差異造成的問題，但是現今女性主管與男性部屬的組合卻不少。女性受到立場影響，也必須刻意讓自己成爲解決問題型。

請各位回想一下。即使面對的不是部屬，而是老家的母親，自己是否也曾因爲母親太過嘮叨，而忍不住說出「妳到底想說什麼？」、「妳希望我怎麼做就直說好嗎？」、「不要磨磨蹭蹭，趕快去看醫生」等話語打斷母親呢？

母親尋求孩子的同理，想藉此消除今天的「煩躁情緒」。儘管明白這種心情，卻因爲忙碌而無法保持耐心。或者是身爲職業婦女的母親，覺得國中小或高中生女兒說話沒有重點，也是相同的道理。

由此可知，女性也經常必須切換成「終點導向解決問題型＝專注當下派」。所以請各位也別跳過以下給專注當下派的建議：

❶先同理他人的感受

每次對話時都得思考對方屬於過程導向共感型，還是終點導向解決問題型實在太麻煩了，更何況有時也很難快速判斷。所以只要事前準備好「同理他人的話語」即可。

即使是專注當下派，應該也能體會到「第一步先同理」這件事情的重要性。

- 與**共感型**對話時，用解決問題的角度應對，就像這樣：

部屬：「我在三個月前這樣告訴客戶公司的A部長，結果他回答了○○，所以就……」
主管：「你當初應該先確認清楚的，然後呢？結果如何？」
部屬：「其實他剛才做出〇〇，實在是很過分。」
主管：「追根究柢是你想得不夠周到，根本沒有什麼過不過分的問題。」
部屬：「但是……」
主管：「試著這樣做吧。」
部屬：「……好的。」

主管心想：「這傢伙真的有聽懂嗎……好煩。」
部屬心想：「主管根本搞不清楚重點……好煩。」

- 與**共感型**對話時，同理對方的話語，就像這樣：

部屬：「我在三個月前這樣告訴客戶公司的A部長，結果他回答了〇〇，
所以就……」

主管：「這樣啊，辛苦了。當時發生了什麼事情？」
部屬：「其實他剛才做出〇〇，實在是很過分。」
主管：「工作中難免會發生這種誤會，你如果可以先確認清楚就好了。」
部屬：「我確實想得不夠周到，那我會試著××的。」

• 與**解決問題型**對話時，用解決問題的角度應對，就像這樣：

部屬：「我和客戶之間發生了這樣的事情，該怎麼處理才好？」
主管：「問題根源出在於你沒有先和對方再三確認。」
部屬：「好的。」
主管：「試著這樣做吧。」
部屬：「我知道了。」

• 與**解決問題型**對話時，同理對方的話語，就像這樣：

部屬：「我和客戶之間發生了這樣的事情，該怎麼處理才好？」
主管：「這種事情難免會發生，你如果可以先確認清楚就好了。」
部屬：「確實如您所言。」
主管：「那麼你試著這樣做吧。」
部屬：「我知道了。」

相信各位都已經看出，對雙方都造成壓力的，只有第一種組合。和共感型的人對話時，如果一下子跳到問題解決這一步，對方會感到浮躁進而心生壓力。與解決問題型的人對話時，同理對方可以撫慰心情，加深彼此間的信賴關係。因此無論遇到哪一型的人，都請記得先同理對方。

❷遇到負面話題，記得給予「理解」

聽到「眞的很辛苦」、「太過分了」、「好煎熬」、「好痛」等抱怨的話語，基本上都可以用「我懂」來應對。而最理想的表達方式，則是重複一次對方的話語，例如：

「真的很辛苦呢。」

「好過分喔。」

「肯定很煎熬吧。」

「那很痛耶。」

無論如何都沒辦法認同的話，也可以用「這樣啊」、「原來如此」應對。但是若**遇到地位較高者**在分享經驗或見識時，選擇「敬佩」與「讚賞」而非「理解」會比較好。比方說：

「原來發生過這麼辛苦的情況。」

「能夠跨越如此難關真的好厲害。」

「什麼？原來是這樣！」

「非常具有參考價值（獲益良多）！」

畢竟聽到經驗比自己少的年輕人表示「我明白，我也一樣」時，可能會忍不住想反駁「我們等級不同吧」。結果為了讓年輕人感受到彼此等級的差異，就會分享更多的經驗與見識，進而導致這場對話始終無法結束。

很多部屬都表示「**主管說話很冗長，令人困擾**」，這都是同事之間習慣用「我明白、我知道」來互相附和的做法所導致的。聽到年輕部屬表示「我明白～眞的很辛苦對吧」的時候，這些主管可能會認為「你眞的明白我的辛苦嗎」而繼續說個不停。所以還請特別留意。

❸ 對於正面話題，就說聲「很好呀」

遇到正面的話題或是良好的提案時，建議用「很好呀」來應對。即使是無法接受的提案，也要說聲「很好」、「不錯呀」。

雖然優秀的主管能夠立即注意到部屬的缺點，或是發現提案的不足之處並給予提醒，但是**對於共感型部屬來說，「第一秒就否定」是相當冷漠的做法**。

• 主管第一秒就指出問題時：
部屬：「部長，我想提出這樣的建議……」
主管：「資產調度你打算怎麼處理？」
部屬：「啊～我沒有想到這一塊。」
主管：「這個部分很重要的。」

• 主管體貼主動提案的心情時：
部屬：「部長，我想提出這樣的建議……」
主管：「喔，很好呀。不過關於資產調度這一塊，你有什麼想法嗎？」
部屬：「啊～我沒有想到這一塊。」
主管：「再加油想想看吧。」

終點導向解決問題型的人，認爲「很好呀」只能用在良好的成果上，所以尙未到達終點時就說不出類似的鼓勵話語。但在職場上卻並非如此運作的，工作過程中也可以稱讚「很好呀」，像是：切入點很好、很有想像力、非常專注、相當積極、不會輕易放棄、主題很好等。

當你站在較高的地位時，就應該下定決心用「很好呀」的心態去應對部屬的提案。必須先感謝部屬主動提案的心意，並在內心祝福部屬能夠成長至完整提案的程度。

當然，主管仍然可以坦率指出「無法帶來成果的問題」，但是控制在「這個切入點很好喔，只是企畫欠缺了一點吸引力，再調整看看吧」的程度即可。**只要主管願意接納自己的心意，部屬自然就能夠再加把勁**，甚至會給予主管這樣的評價：「那個人很專業，所以在工作上的要求相當嚴格，但是他也能夠理解我們的努力。」

✦質樸的職場溝通環境

其實，我並不討厭第一秒就指出問題的風格。

可能是時間管理能力不足的關係，我的人生總是忙得沒有時間，所以他人能夠一針見血地給予意見，對我來說是件好事。

此外，當雙方都是工程師的時候，**說話直白也是信賴部屬的證據**。我們在意的不是「他人對自己的評價」而是「成果的品質」，所以有人第一秒指出問題時，內心會覺得「幸好及早發現」，不會太在意「自己的努力是否被批評得一文不值」。

還有就是，我在年輕時對自己提案的「切入點」很有信心，即使沒有收到「很好呀」之類的稱讚，也能明白自己的提案有多好（微笑）。日本在「男女雇用機會均等法」上路以前，女性工程師的想法對男性爲主的職場社會來說通常都很新穎。

再加上我並不討厭被罵，因爲在陽剛的男性社會中，最恐怖的是遭到無視。

直接當成現場沒有女性存在，刻意不和我對上視線，也不和我交換名片的情況並不罕見。有時甚至嚴重到身爲開發領導者的我直接前往說明時，對方卻連聽都不肯聽，喊著：「你們公司是看不起人嗎？女人滾開！」

因此，能夠看著我的臉，直接說出「這東西不符合我期待」的人反而令我滿心感謝。

對我來說，**能夠互相在第一秒指出問題的人際關係，是充滿質樸氣息的現場溝通方式**。我至今還是很懷念斥責我的主管。但是這種感覺將隨著時代變遷而逐漸消失吧？雖然有些寂寞，但也必須接受。

和我一樣從相同年代倖存至今的同伴們，現在已經來到一旦少了名爲「同理」的避震器，就很難在職場上對話的時代。就好像沒戴安全帽就不能騎機車，沒繫安全帶就不能搭車一樣。大家的溝通方式也應該要與時俱進才行。

✦不能將目標設為「理想的自己」

我們這個世代（昭和時期即踏入社會）的人都很剛強，背後是有原因的。因爲我們的目標是「組織」而非「自己」。時代氛圍就是如此，所以我們並不會太執著於「個人」。不必凝視自己的職涯，其實是非常輕鬆的一件事。所以我也想讓年輕人認識這一條路。

現在的回流教育[2]，多半建議大家在做職涯規劃時，應設想出「理想的自己」。針對進公司五年以下、腦部還未定型的年輕人們的在職教育，也曾經流行過鼓勵員工們想像「理想的自我」、「美好的自己」等等。

但是從腦科學的觀點來看，我認爲這是很危險的。**當人以「理想的自己」為目標時，大腦的世界觀就會充滿了「自我」**。也因此，如果被罵或遇到挫折時，這些人腦中的座標軸就會搖擺而失去目標，同時腦部還會承受極大壓力。但是當大腦的目標是「組織的成果」時，自身的挫折對腦部來說，則相對渺小。

所以讓年輕人將目標設定成「理想的自己」，其實是非常殘酷的。

很久以前，每個員工都被視爲企業的一個齒輪，是一起打造出成果的螞蟻。這樣的情況同樣也帶來了不少壞處，所以我並不期待回到當時的狀況。只是想告訴各位，過度凝視「自我」的現今，同樣並非只有優點而已。

我能夠變得頑強，要多虧了當時的社會風氣：「妳個人如何都無所謂，想要見到AI的黎明，就不能停下腳步。總而言之，齒輪必須動起來。」這讓我覺得日常的挫折似乎變得微不足道了，也沒空沮喪。同事對我來說是戰友，彼此會在必要的時機，坦誠地說出必要的話。

「成為實現巨大目標的小小齒輪」這種想法深植個人腦海，確實是有好處的。因爲腦中世界觀龐大的話，就不會太過在意日常的小事了。

在這個社群網站的全盛時期，放大「日常的小事」既是種世界潮流，也已經成爲大腦的習慣之一了。這種思考方式也會反映在面對職場的「小小失敗」上，讓人質疑「個人」在腦中所佔的比例是否過大了？

正式成爲經營者之後，我終於明白**不致命的失敗，對公司來說都是預期內的事情**。經營者已經做好心理準備，要讓公司與員工反覆在「預期內的失敗」中成長。因爲我們很清楚，隨著在職時間愈長，失敗就愈容易帶來新的想法。

失敗的瞬間，當然必須對此感到心痛，但是我認爲不必深陷其中超過三分鐘以上。

◆不可以讓作夢的能力沉睡

現代社會並未展現出「龐大願景」，企業也缺乏「繼續爬升的目標」，所以只能指望個人了。因此，企業主軸就從「組織成果」變成「每一位員工」。

「珍惜每一個人」這句話很美，但是把責任推到年輕人身上，一味地要求他們努力成爲「理想的自己」就太強人所難了。所以請各位不要踏入這種陷阱，建議大家能夠專注於「組織的成果」，縮小「個人的日常挫折」帶來的影響力。

當然，我會希望政府提出能夠激發企業鬥志的「龐大願景」，各大企業也要想出「繼續向上爬升的目標」，但是這對已經如此成熟的社會來說，難度卻很高。因爲我們身處的環境，已經是遠超越人類平均想像力的「未來社會」了，無法像昭和時代一樣，輕易刻劃出「未來要這樣」的藍圖。

儘管如此，領袖們仍不應該讓作夢的能力沉睡。

✦必須獲得作夢的能力

這麼說來，不記得是何時曾有某位政治人物，試圖壓縮政府的科學技術開發預算，並說出「我們爲什麼必須成爲世界第一？當第二名不好嗎？」這樣的話，結果引起軒然大波。他的意思是只要放棄成爲世界第一，就能夠節省許多研究經費了。

當時檯面上沒有任何人反駁這段話，但是我不禁懷疑起這個人的政治素養。國家都需要賭上尊嚴的龐大願景，**如果不繼續抬頭望向更高的地方，「自我」就會在年輕人腦中不斷膨脹，造成精神上的疲憊**。

在受到新冠肺炎的影響而開始典範轉移的這個時代裡，作夢的能力是政治人物與企業家不可或缺的素養。在評價國家或企業的時候，只要觀察領袖的相關素養即可。如果自身公司的領袖缺乏素養的話，就請自行培養這部分的能力吧。

爲此，我們應專注的不是「他人如何看待自己」，而是「想爲重要的人們帶來什麼」。即使遇到的是毫無道理的客訴，也不應沮喪地想著「好過分」，而是要試著將沮喪轉換成好奇心，思考「該怎麼做才能夠令奧客們滿意」、「今後改成這樣的做法吧」。

面對愈是棘手的顧客，就會成爲愈有趣的遊戲。只要用「喔喔，大魔王登場了」的心態去享受即可。隨著這類經驗的不斷累積，最終就能夠培養出牽動公司與社會的「作夢能力」。

請不要「透過世界來看待自我」，而是要「藉由自己的好奇心檢視世界」。世界是爲自己而存在的，無論是什麼樣的大腦，這都是對它來說最原始的狀態。

✦為什麼主管無法理解自己？

接下來轉回正題，繼續探討談話的精髓吧。

至今敘述的是用同理去應對他人事情的理論。我想再提供大家一些其他層面的建議。

❶從結論（目的）開始表達與自己有關的話題

與自己有關的話題就要從結論（目的）開始表達。也就是說，「**聆聽他人話語時走共感路線，訴說時則走解決問題路線**」，這才是成熟的對話模式。

如前所述，即使是屬於共感型的人，在老家聽到母親訴說冗長的「前因後果」時同樣會聽不下去。也就是說，就連共感型的人也會希望及早聽見結論。更不用說解決問題型的主管了。因此「放任情緒波動訴說前因後果」的做法，盡量控制在特定場合會比較好。

這是好幾年前的事情了。某縣舉辦了專爲女性管理階層打造的學術研討會，並邀請我擔任主題演講的講者。現場聚集的都是課長或主任等級的，也就是所謂中間管理階層的女性們。再加上地區特性的影響，很多都是在製造業任職。

因此，幾乎所有人都夾在男性主管與男性部屬之間。這些製造業女性管理者都擁有共同的壓力，於是在會場大聊平日的鬱悶，充滿了活力。

她們在聽完我的演講之後，就按領域分成幾個小組進行討論。其中一個小組設定了很棒的主題，那就是「爲什麼主管無法理解自己」，我前去查看後聽到某位女性訴說著主管無法理解她的苦悶。

根據她的說法，她所待的開發團隊接連發生狀況，客戶也屢次變更條件。儘管這些事情並非無法處理，卻遇到窗口各自承接任務後，彼此的任務卻互相衝突而導致團隊難以動彈。後來又遇到流行性感冒，不斷有人請病假。面對這種情況，她便下定決心：「下個月的目標要向下修正，以重振團隊」。

看起來確實只有這條路可以走，所以我也認爲是英明的決定。

但是在她向主管提出這個建議之後，主管卻開始三不五時指出她「不好的地方」並加以責備，這讓她愈來愈無話可說，最後都只能乖乖被罵後再離開。

聽到這段話的參加者都感到同情，紛紛嘲諷起男性主管，看來大家都有類似的經驗。就在這時，她們將麥克風遞給我，問說：「黑川老師，您有什麼看法呢？」

我嘆了口氣。我也曾經擔任過製造業的中間管理階層，所以非常明白她們的心情。但是身爲研究人員，我必須在這裡說出眞相：「很遺憾的，以這件事情來說他並沒有錯，問題百分之百在妳。」

這個案例可以說是平日屬於解決問題型的幹練部屬，在遭遇強烈壓力之後，第一秒選擇了有助於提高生存可能性的迴路（＝過程導向共感型）。

她有太多事情都不是先提出結論，而是爲了使主管產生「共鳴」，夾雜情緒說著冗長的事情經過。但是主管急著要成果，所以擅自從她的話語中找出結論以解決問題。結果在這位女性需要主管同理的情況下，對方卻不斷指出問題點。

❷ 從結論來說，且要說數字

也就是說，這位女性管理人員試圖從「先發生這樣的事情，後來又發生那樣的事情，所以眞的很難辦」的方式來述說過程，男性主管卻認爲首要目標是「解決事情」，所以才提供「應該這麼做」的建議。接著又對「那樣的事情」採取相同的應對方式。

因爲沒有在一開始就揭露目標，所以對方不斷嘗試擊球卻又不斷揮空。

事實上，問題出在並未把終點（結論、目的）說清楚的部屬身上。男性主管僅是想完成自己的工作而已，據說對方是位優秀且心思縝密的人。

無論發生什麼事情，商務談話都必須從結論開始說。否則會有球從意料之外的地方飛來，導致內心被擊傷。

以這個案例來說，就必須開門見山地表示「我預計把下個月的目標向下修正。也會盡快和客戶交涉，並以○○工程彌補。這麼做的原因是……」才行。

尤其男性腦對「搞不清楚目的」的談話耐性極低。在男性腦中，他們用在談話的領域只有女性腦的數十分之一而已，所以如果不一開始就說出目的，男性腦甚至可能擅自放棄辨識這些話語。儘管雙方都使用同樣的語言，可以說是真正意義上的「說不通」。

不只是男性主管，面對男性同事或部屬的時候，也務必從結論開始述說。最好還可以先說清楚接下來將有幾個重點，例如：「我要談談企畫書的變更項目。這次有三大重點，第一點是……，第二點是……」。

數字對終點導向解決問題型的腦來說，簡直就像樟腦一樣。聽到數字後，他們的神志就會變得清醒。終點導向解決問題型主要使用的是「**空間認知**」的迴路（測量距離、解析構造的迴路），所以會對數字產生反應。這類人聽到數字之後，因爲能夠清楚掌握現在的談話內容屬於整段談話的哪個部分，便能夠專注於對話內容。

所以請從結論開始，並盡量搭配數字。不僅在職場上要如此，面對老公與兒子的時候也可以多加運用這個方法。如此一來，就能夠確立「幹練老婆」、「理解孩子的母親」這樣的地位。

❸ 難以啟齒的事情，就搭配吸睛的語句

儘管如此，共感型的人終究很難開門見山就說出這麼赤裸的負面結論，不如說這就是他們的貼心之處。

別擔心，這裡有個很好的策略。那就是搭配吸引人注意的語句。如果是我在處理前述案例的話，就會如此宣告：「爲了提升團隊幹勁與客戶滿意度，我決定

下個月的目標要暫時向下修正。」

如此一來，主管就會好奇其中的原因，我也能夠輕易說出「因爲發生了這類事情」等。

在商務場合裡，即使是難以啓齒的提案（＝負面提案），想必也是爲了未來的某個展望而做。就算沒有正面展望可以標榜，說一句「爲了生存下去」也好。只要說出遠方的大目標，自然就不會那麼難啓齒了。

❹ 想法尚未彙整好時，就先請求諒解

所有商務談話都必須從結論說起……雖然我前面這麼說了，但如果是在專門提出創意的會議上則不在此限。

正因爲是尚未彙整的腦中想法，才會藏有新鮮的點子。在這類會議中若是不能滔滔不絕說出想法就太可惜了。所以遇到這種情況時，開頭只要加一段「我有個還在醞釀中的想法，但是尚未彙整過，不曉得能否聽我說說呢」即可。

否則在行銷會議中，突然說出「我昨天和先生去逛地下商圈，當時想買個蛋糕作爲伴手禮，結果……」的話，其他人會想「現在在說什麼？這個人平常講話就很跳躍，根本搞不懂他要表達什麼」，然後就會被當成麻煩人物。如此一來，即使提出了不錯的創意，人們也會認爲「只是在廢話中恰巧出現可用之物而已」，根本無助於提升自己的評價。

但是一開始就先請求諒解的話，其他人就會認爲「這段乍看毫無重點的話語中，藏有某些線索」，那麼，從中得出的成果當然也屬於自己。

✦幹練女性的三秒規則

順道一提，作爲部屬也要特別留意「劈頭就使用機關槍似的語速」這件事。男性在專注於某件事物時，會暫停腦中的語音辨識功能。而**語音辨識功能要重啟必須花費約兩秒鐘的時間**。也就是說，向男性部屬或主管搭話時，如果一口氣說完「田村，上週會議決定好的那件事情，處理得怎麼樣了」的話，聽在對方耳裡，將形同「田村，喔耶喔耶喔耶嗶～喔耶耶耶」。

順道一提，大腦無論在什麼樣的情況下，都能夠捕捉到自己的名字。因此，男性雖然明白對方是在叫自己，卻會陷入絲毫搞不清楚理由的混亂狀態。所以男性經常先說出「啥？」再抬頭就是因爲這樣，並不是瞧不起你的緣故。

因此，呼喚男性名字後請靜待兩三秒，像這樣：「田村（間隔兩三秒），關於上週會議……」安排一點空白，等對方啓動腦中的語音辨識功能後，再加快語速就沒問題了。

男女性有部分代溝，其實就潛藏於這些原始的神經處理中。知道了這樣的狀況後，你看待事情的方式是否也有了不同呢？

4 身體的運動方式，會造成意識的差異

行爲與動作的差異，也是人際關係經常出現問題的一大原因，所以建議先了解人類有不同類型的存在比較好。簡單來說，身體第一秒的運動方式，可概略分成兩種。

如前言開頭所述，有些人受到驚嚇後身體會往上（跳起或聳肩），有些人的上半身會壓低（縮起肩膀保護自己，或者往後仰的同時向後退）。

事實上，如果你稍微留意，也許會發現，通常前者是力量與意識都會集中在手指的類型，後者則會集中在手掌。這種類型差異是在一出生就決定了，且一輩

子都很難改變。

當然，任何人平常的動作都會用到手指與手掌，但是需要用力或必須專注時，就會有各自的傾向。

比方說，在公車上拉吊環的時候，手指型的人只會用手指掛在上面；若用手掌握住的話，對這類人來說，反而比較不好施力。手掌型的人則是偏好用整個手掌握住吊環；對他們來說，光憑手指是很難施力的。

屬於手掌型的我，除了手掌外，也喜歡將手腕穿過吊環勾住。因爲這麼做能夠穩定身體，無論什麼樣的晃動都應付得了。

至於轉瓶蓋的時候，手指型會用手指施力。手掌型則會將掌心貼在瓶蓋上，用掌心的力量轉動。即使是像寶特瓶蓋這麼小的蓋子，也會以掌心包覆；但是瓶蓋鬆動後，就會改用手指了。

✦手指型 VS 手掌型

手指派在操作物品時都使用手指，所以會經常轉動手腕。從手部結構來看，要讓手指做出各種動作，靈活的手腕是不可或缺的。想要保持手腕靈活度的話，手肘就不太會離開身側。

所以手指派的人拿扇子對著臉搧風時，手肘會固定在身側並善用手腕，才能夠加快搧風的速度。

手掌派在操作物品時，通常會讓掌心貼近物品，所以手肘也會跟著擺動。因為要讓手掌能朝各方向運動，靈活的手肘是不可或缺的。所以手掌派搧風的時候，手肘會遠離身側。雖然速度不快，搧出的風卻比較強，因此兩者就涼爽度來說並無優劣之分。

但是手掌派在身處狹窄空間時，也會改用手腕快速搧動扇子。所以想透過扇子確認自己屬於哪一型的時候，請選擇手肘能夠盡情伸展的寬敞空間。

類型	手指型	手掌型
身體習慣	力量集中在手指。	力量集中在手掌。
受到驚嚇時	身體會往上。	上半身會壓低。
坐公車時	以手指掛在吊環上。	用整個手掌握住吊環。
轉瓶蓋時	用手指施力。	用掌心的力量轉動。
搧風或跳繩時	手肘固定在身側，善用手腕來擺動。	手肘遠離身側來擺動。

如果場景轉換到跳繩的場合，手指派同樣會將手肘固定在身側，並以手腕轉動。因爲他們是運用手腕的反作用力，所以主要是把繩子往上甩的感覺。

手掌型運用的則是手肘的反作用力，因此轉動時就像把繩子往下甩一樣。

因此，團體跳繩時若兩端拿繩子的人屬於不同類型，繩子就會扭在一起，很難穩定甩動。畢竟一邊是往上甩，另一邊則是往下甩。既然如此，兩端都找相同類型的人就好了吧？然而，事實上並非如此，因爲即使拿繩子的人屬於相同類型，負責跳繩的人若是不同類型的話，同樣也很難跳。對於身體習慣往上的人來說，很難適應不斷「往下甩」的跳繩步調。反之亦然。

因此，要打造出最強的隊伍時，所有人都必須屬於相同類型。但是，如果希望大家融洽玩在一起的話，選擇不同類型的人甩繩子，並且雙方互相配合才是最務實的。如此一來，兩種類型的人都能夠跳得輕鬆。

從這個角度來看，可以發現所有團隊都是同樣的道理吧？**唯有不同類型的人互相配合，團隊運作起來才會最順利。**

兩者在做單槓後翻向上的時候，做法同樣截然不同。

手指型的人會讓心窩靠近鐵棒，運用手腕的反作用力讓身體翻轉。手掌型的人心窩則會遠離鐵棒，運用手肘的離心力翻轉身體。因此，前者是肚臍上方的部分會碰到鐵棒，後者則是肚臍下方會碰到。

所以在指導孩子跳繩或是單槓後翻向上的時候，如果是不同類型的指導者強迫孩子遵循他所要求的每個細節時，孩子肯定無法順利執行。甚至可能因此被貼上運動白痴的標籤。事實證明，要求手掌型的孩子在跳繩時「把手肘貼在身側」，也不容易跳得好。

◆筆直派 VS 傾斜派

此外，手指型與手掌型，可以再各自細分成「筆直派」與「傾斜派」。也就是分成身體筆直時較好施力，以及身體傾斜時較好出力的類型。

請各位試著使盡全力推牆壁看看。這時肩膀打直（平行）的就屬於筆直派，肩膀出現斜度的就是傾斜派。傾斜派的雙腿會前後大張，且前後腳的足部方向不同。相較之下，筆直派的足部方向一致，雙腿的距離也沒那麼寬。

筆直派會正對著書桌坐，且筆記本會擺直、寫出來的文字也很直。聽起來或許很理所當然，但是傾斜派要不是筆記本是斜的，就是會坐斜的，寫出來的文字也是斜的。所以在孩子學寫字的時候，家長通常會希望孩子坐直，但你可能會發現無論是文字本身或排列都會莫名傾斜，這就代表孩子其實屬於傾斜派。

筆直派會想將桌上的用品都擺得筆直整齊，但是對傾斜派來說，扇形配置比較好用。因此，看在筆直派眼裡，傾斜派的桌子非常散亂。我從小就屬於「大斜派」（手掌型的傾斜派稱爲大斜派，手指型的傾斜派稱爲小斜派），所以經常被筆直派的老師罵。等我開始學習舞蹈後，又因爲擅長傾斜的姿勢被稱讚很性感，雖然我其實是打算擺出筆直姿勢的（苦笑）。

✦每個人眼中的「正確方法」並不同

我們可以試著把相同的道理放到職場上。

面對必須運用身體或工具的工作時，是否應該連同使用方法的細節都加以指導，其實是有待商榷的。我認爲，只要告知「該如何使用」，接著就可以讓對方有一定的空間來自由發揮。

而且人類的大腦會深信「自己的做法」最合理優秀，這點也必須留意才行。因爲**不同類型眼中的「優秀」，其實是不一樣的東西**。

我家是由我們夫妻倆與兒子夫妻同住，過去曾有一次險些爆發婆媳問題。原因就出在馬桶刷。

某天我媳婦把我慣用的馬桶刷丟掉了，並表示：「家裡的馬桶刷太難用了，所以我買了新的～」然而她買的那支馬桶刷，對我來說卻難用到無法忍受。不僅難以清除邊緣汙垢，甚至還會有髒水飛濺到臉上，我在無可奈何之下，只好重新買一支符合自己喜好的馬桶刷。

結果兒子卻不高興了，對我說：「我老婆都已經買比較好用的回來了，妳還特地去買這種爛東西，這讓她很傷心喔。」

「爛東西是什麼意思？平常都是我在打掃，爲什麼非得忍受會有髒水飛濺到臉上的馬桶刷？」我反駁之後，兒子又表示：「明明這麼好用，還會有水花飛濺到臉上是妳的問題吧。」那個瞬間，我覺得和兒子28年間的親情徹底完蛋了，然而我也同時注意到了——原來，問題出在身體類型不同！

我媳婦屬於手指型，而且有用食指出力的習慣。因此她會用食指抵住馬桶刷的刷柄，並以此往前用力刷。這種情況下的馬桶刷會直接觸及邊緣，所以很適合選擇平坦型的馬桶刷。

但我是屬於手掌型，而且有用無名指出力的習慣。因此我會握住刷柄，朝外以畫圈的方式清除馬桶邊緣。因此接觸到馬桶邊緣的會是刷腹，所以適合帶有厚度的棒狀馬桶刷。我用平坦型馬桶刷時會變形，並在觸及邊緣時彈回來，所以才會有髒水飛濺。

原來如此。我們互相理解之後，便順利解決了問題。

但是兒子一開始就對我烙印了「堅持使用難用馬桶刷，不肯接受媳婦好意的固執母親，而且還很笨拙」這樣的形象，深深傷害了我。

如果我不知道「身體運動其實可以分成不同類型」的話，就無法解開這場誤會，還會在彼此內心留下傷痕。現在肯定已經分開居住了吧。

職場上一定也有類似的誤會。

當主管與部屬分屬不同類型時，擅用的工具與使用方法都會不同。如果雙方都認爲「世界上只有一種正確答案」的話，就會認爲對方做事粗暴，簡直是邪門歪道。也就是說，連各自眼中的正義也會不同。

✦人類的身體分成四種

這裡統整一下身體運動類型，世界上主要可概分出四種：

①**手指型／食指優先【傾斜派】**

②**手指型／無名指優先【筆直派】**

③**手掌型／食指優先【筆直派】**

④**手掌型／無名指優先【傾斜派】**

從骨骼結構來看，①④不會有筆直派，②③也不會有傾斜派。受到驚嚇時，①會跳起（上半身往上抬起）、②會聳肩僵硬、③會垂下肩膀後固定在這個姿勢、④則是向後退。

前面有提到會跳起來與向後退的類型，可以組成**兼顧前後**的陣型。事實上只要聚集這四種類型的人，那麼①能夠往前顧及高處、②可在原地觀察高處、③在原地顧及低處、④則會在後方防守低處。如果四種類型中又各有左撇子與右撇子的話，第一秒就能夠形成面面俱到的完美陣型。因此，四種兼具的團隊，可以說是最強大的。

✦跳脫自卑的方法

不過，很遺憾地，前面也多次提到人們會輕視「與自己不同的類型」，有時甚至會反過來感到自卑。

看到「與自己不同類型」的部屬，無法照著自己的指示行事時會感到煩躁；另一方面，若是觀察到部屬能夠辦妥自己不擅長的事情時，又會感到嫉妒。在優越感與自卑感混雜的複雜心情下，最後能做的就只有威嚇對方。

我們不能被困在這種苦悶當中，所以不如稍微改變一下想法——多虧對方彌補了自己的不足，自己只要針對部屬做不好的事情多下工夫即可。必要的時候自己再出手也無妨——就像這樣。

無論是哪一種大腦，都有辦得到與辦不到的事情。

大腦是萬能的，且世界上充滿各種優秀的人與不優秀的人——但如果你秉持著這樣的誤會，就很容易覺得與自己不同的部屬不認眞，自己同時也會墮入自卑的地獄。

✦令人莫名煩躁的對象，正是最棒的搭檔

對傾斜派的我來說，把文件大範圍攤開成扇形會比較好讀。筆記本也要擺斜

的比較好寫。但是這看在筆直派的先生眼裡，似乎非常「邋遢」。然而，無論是什麼東西，都毫不猶豫地擺直的先生，對我來說，卻顯得他對待物品相當隨便。如果看到我送的禮物也被如此對待，我會很難過的。

但是先生看到重要的物品擺成斜向時，似乎會不太高興。因爲他認爲這如同「發放邊疆」的感覺。看到對方把東西擺在自己絕對不會擺的地方時，就會產生這樣的感受吧。

就像這樣，令人莫名煩躁的對象，通常擁有與自己截然不同的特質。「那傢伙品味很差」、「爲什麼要這樣？」、「太隨便了」、「那個人好笨拙」等傻眼心情的背後，往往源自於身體運動類型的不同。對方看到你的做法時，肯定也會覺得奇怪。

只要事先理解這一點，就可以大幅減輕日常中的壓力。

不只如此。**彼此性質不同，也代表著自己不擅長的事情，在對方眼裡可能輕而易舉**。自己不想做的事情，對方可能認爲是小事一樁。只要理解「莫名煩躁的對象」只是與自己類型不同而已的話，就是能夠互補的最佳夥伴——要是一味地彼此抗拒就太可惜了。

✦做法不同也代表了想法的差異

前面提過的，意識會集中在手指的手指型，同時也屬於**「專注前方與未來的類型」**。他們想到什麼就要馬上去做，執行力高，速度也很快。

不僅暑假作業會及早完成，規劃旅遊時若不連細節都搞清楚，心情就無法平靜。回電子郵件的速度也很快。

至於意識會放在整體手掌的手掌型，則屬於**「能夠留意廣泛範圍的類型」**。

他們在做出行動之前，會先盡情想像一番。因此往往在毫無計畫的情況下，拖到最後一刻才動手。但是事前滿腦子的天馬行空，卻能夠帶來了相應的想像力與推動事情進展的能力，因此，他們更擅長應付意外狀況（畢竟這類人的日常生活，本來就是由「意外狀況」堆積而成）。

無論是暑假作業還是旅遊規劃，對他們來說都彷彿不存在。但是手掌型的人卻擁有將「隨心所欲之旅」玩得非常愉快的才能。至於在回覆電子郵件時，偶爾速度卻會慢到令人不禁吐槽「莫非寄了手寫信回來」的程度。

✦對手指型的部屬感到困擾時

如同前面的描述，手指型部屬擅長規劃且速度很快，行事風格相當俐落，因此整體來說深受主管好評。

但是背後卻有著「想到什麼就要馬上去做」的特質，於是當他們接收到長期目標後，就會不斷想像「前方與未來」，結果就變得焦躁起來，不僅承受了滿腹壓力，最後還可能乾脆放棄。

相對來說，不會隨便放棄眼前事物的手掌型，看到這類人突然「翻臉」可能會嚇一跳。但是他們的放棄並不是因爲不負責任，也不是因爲厭煩了，反而是因爲**責任感過強**所造成的。

所以面對手指型的部屬時，必須爲他們設定短期目標。例如：安排定期會議等，千萬不要長時間放任他們。

此外，能夠完美規劃事物的手指型，遇到「對了，忘記交代一件事情」、「以後要轉換目標」、「順便做點那個吧」這種突發事件時，就會深陷痛苦之中。把倉促行事且缺東缺西的工作交給手指型的人，實在是太過殘酷了，所以請格外留意。

而經驗較少的手指型很常會先偷跑，有時會欠缺考慮。不過，這只是「想到什麼就要馬上去做」這種美德的小小缺陷，請各位不要將其視爲個性有問題，斥責他們「白目」或「輕率」。只要輕輕提供指引，告知他們「如果有這麼做就好了」、「多補充一句就更完美了」。

✦對手掌型的部屬感到困擾時

手掌型部屬深思熟慮且有耐性，遇到意外狀況也能夠優雅應對。可以說是成爲管理階層後，相當值得信賴的類型。但是當他們還是基層員工時，往往會因爲遲遲不動手執行，讓手指型主管感到煩躁。

手掌型習慣想東想西，想到期限快到時才進行，幸好一開工就馬力十足，最終通常還是趕得上時程……這根本就是我。因此，朋友與主管都說我「最擅長臨時抱佛腳」，現在回想起來，肯定讓周遭的人焦慮得不得了吧。但是只要給我期限，我就會想辦法完成。

反過來說，這類人的缺點是沒有設定期限的話，就會一直拖拖拉拉。因此在**交辦任務給手掌型部屬時，一定要同時設下期限**。以我自己來說，會希望主管讓我有權自行決定期限。

對於會想迅速完成交辦工作的手指型來說，手掌型「沒有期限就不會開始」

的狀況實在令人難以想像，但這種不疾不徐的態度，正是幫助他們深思熟慮的特性之一。

◆造成「拖延症」的原因有兩種

無論是手掌型還是手指型，都有回信速度極慢的人存在。但是兩者的理由卻有細微的差異。

手掌型的人在面對**無法當場下結論的事情時，容易卡在這個階段很長的時間**。換句話說，就是這類人的大腦可以「忍受煩躁情緒的時間」特別長。隨著「改天認眞思考（查詢）完再回覆」這種想法浮現，回信的時間就拖得更久了，有時甚至會直接忘掉。但他們還是很有責任感的，所以當被指出自己忘記某件事情的時候，內心也會備受衝擊。

想要改善手掌型的回信拖延症，指導時就必須貫徹下列兩點：

①工作信件無法馬上給予答案時，必須立刻回信告知已收到（比方說，「我了解了，等我追蹤一下進度後會再告知」、「已經收到您的來信，我會在確認清楚後正式答覆」）。

②將電子郵件的「賞味期限」設爲12個小時。要求每天早上都必須開啓電子信箱，處理好昨天還沒回覆的信件。

手指型的人或許會懷疑：「這種事情還需要特別說出來嗎？」沒錯，就是必須清楚交代才行。我自己在面對手掌型部屬時，都會在重要信件最後加上一段「收到信件後請務必先回覆告知收到，內容的答案最晚請於明天早上前提出」。

而手指型的回信拖延症，則會發生在「**認為這件事沒那麼重要**」的時候。也就是說，他們可能是認爲這封信沒必要立刻回覆，並非看不起對方。這情況反而是在信任對方時特別容易發生，類似於「反正明天會見面，到時候再講就好了。當面說明也比較清楚」這種感覺。

手指型雖然遇到「大腦認爲必須做的事情，就會急著想要去執行」，但是反過來說也有「大腦認爲沒那麼重要時，連手指都懶得動一下」的習慣。而當事者腦中認爲「急著想要去做」的事情，與周遭人認爲的「你必須去做」的事情之間，難免會有落差。

爲了避免拖延而造成問題，交辦工作時可一併告知具體的必要性，像是「明天〇點之前不回覆的話，〇〇下單就會延遲」等。只要把他們的大腦「認爲不太重要的事情」轉變成「重要」，這類部屬就會迅速回覆。

想從根本改善這種性格時，就得明確指出當事者想法與周遭期待之間的落差。基本上，他們可以說是「不受點教訓就不知道痛」，所以有時必須讓他們親身體驗到回信拖延造成的損失。沒有損失可體驗時，或許就必須認眞說明一次。

我自己面對這類型的人時，會反過來在告訴他哪種情況可以被容許，例如「這封信不急，下次見面時再告訴我即可」。這麼做，能夠強迫大腦自動認爲其他沒這樣交代的所有信件都必須趕快回覆。

容許延遲的回信與教訓，能夠幫助手指型部屬感受輕重緩急，甚至主動分辨出重要的信件。

手指型 vs 手掌型的想法與特質差異

類型	手指型	手掌型
思考方式	專注前方與未來。	能夠留意廣泛範圍。
執行速度	想到什麼就會馬上去做，執行力高、速度又快。	做出行動前會深思熟慮，拖到最後一刻才動手做。
工作風格	接收到長期目標之後，可能會不停想像未來，而感受到壓力。	具有創意，能夠為事情帶來全新進展。
	在資料不完整的情況下被交辦工作，會感到相當痛苦。	擅長應付各種意外狀況。
	覺得不重要的事情，就不會馬上去做。	容易卡在沒有結論的事情上，通常回信速度會比較慢。
管理方針	適合為他們訂出短期目標。比方說透過定期會議來回報進度。	記得為他們手邊的任務設下期限。

✦經常遲到的人大多屬於手掌型？

遲到慣犯也基於完全相同的理由可分成兩種。

手掌型總是會莫名出現一段「放空的時間」，結果時間就在不知不覺間流逝了。尤其在需要專注力的活動前夕更是如此，因爲腦部會爲了提高直覺力而選擇「放空」。

「雖然意識還在，時間卻在放空之間不見」這樣的狀況，是因爲腦部活化空間認知領域，提高了當下的判斷力所導致。

事實上，女性眼中的老公與兒子，相當容易陷入放空的狀態。有些人可能會發現，兒子從書包拿出鉛筆盒的過程中在放空，老公則是看著餐廳菜單在放空。那是因爲男性腦在這個瞬間可能處於空間認知迴路活化的狀態（有助於測量距離、解析構造、俯瞰整體、擬定策略）。也就是說，**男性腦會在「放空」的時候進化**。

同時，在理科女性當中，屬於這類型的人也很多。所以發現孩子在「放空」

的時候請別著急，有時就讓他們好好發個呆吧。甚至在發育幅度較爲明顯的8歲之前，能夠有足夠的時間放空，後續的理科能力有可能會愈強。

另一方面，手掌型因爲在「需要專注力的活動前夕」特別容易放空，所以愈是重要的事情，遲到情況就愈嚴重。但是**因為遲到而全力衝刺，結果反而擊出全壘打**也是手掌型的特色。已經遲到讓周遭人不高興了，還奪走所有人的風采──世界上沒有比這種人更討厭的競爭對手了。

我從以前就在思考，在著名的巖流島決鬥中，讓佐佐木小次郎苦等很久後還打贏的宮本武藏，肯定就屬於手掌型的人物。去年不經意看見宮本武藏的肖像掛軸後，從他的身形與站姿來看確實是不折不扣的手掌型，這樣的發現讓我忍不住竊笑。

如果宮本武藏是手指型的人，面對這種一生一次的決鬥是絕對不可能遲到的。手指型的人想像不出這種策略，也不可能僅聽他人的建議，就做出這種會讓自己煩躁的行爲。

恐怕佐佐木小次郎才是手指型。宮本武藏的遲到肯定對他的腦部造成極大衝擊，所以才無法徹底發揮實力。從運動家精神的角度來看，宮本武藏似乎有些卑鄙，簡直就像爲了奪取金牌，而刻意攻擊對方的傷腿一樣。不過畢竟這是劍術比賽，專挑對方的弱點攻擊也算是堂堂正正。

話說回來，難道宮本武藏眞的是策略性遲到嗎？還是他只是放空放著不小心遲到了，結果看到現場久候不耐的佐佐木小次郎時，瞬間決定把遲到「當成某種策略」呢？手掌型雖然是遲到慣犯，最終卻往往能夠獲得良好的結果。

即使程度不及宮本武藏，但是手掌型的遲到通常會伴隨著「專注力提高、較易拿出成績」這樣的副產品。這讓人不禁想睜一隻眼閉一隻眼，但要注意的是，這在商務場合是行不通的。因此，如果你發現部屬是遲到慣犯的話，就請爲他們設定好「進場時間」吧。像是「15點要開企劃會議，進場時間是14點50分喔」。如此一來，就能夠幫助他們養成提早10分鐘的習慣。

當然，手指型的人或許會懷疑「這種事情不交代的話，他們難道就不懂嗎？」沒錯，不說清楚的話，他們是不會明白的。

而手指型的遲到習慣與回信拖延症相同，都是因爲大腦覺得那些事並不重要。所以身爲主管必須和回信指導一樣，耐著性子**安排「訓練」與「可容許的程度」，幫助他們分辨輕重緩急**。

無論是回信拖延症還是遲到慣犯，皆屬於大腦的壞習慣，當事者本身的「顯意識」會對此深刻反省。因此對著顯意識嘮叨再久，都很難收穫效果，必須針對「潛意識」下工夫才行。

✦「有志者事竟成」是很危險的說法

在一齣傍晚播出的韓劇裡，前輩刑警對著不斷指出女性刑警缺點的男性刑警們這麼說：「你們只是擅長的事情不同而已，必須認同彼此才行。」

只是擅長的事情不同而已——我認爲這是一句很棒的台詞。任何人都有自己能夠俐落完成的任務，以及再怎麼努力都做不好的事情。所以在打造團隊的時候，只要善用每個人能夠順利完成的部分即可。別對再怎麼努力都做不好的事情太過強求。

「有志者事竟成。」雖然這是句很棒的話，但是從腦部機能來看卻極具風險。所以無論是對部屬還是對我自己，我都絕對不會說出這句話。

「有志者事竟成」根本是謊言。確實，只要認眞去做，沒有什麼辦不到的事情，但是如果採用了不適合自己的方法時，品質就會很差。有時還伴隨著風險，甚至可能搞壞身體。若採取不適合自己的方法去過日子的話，就等於是讓人生淪爲備胎一樣。

這可不是用「有志者事竟成」這句話就安慰得了的狀況。

必須看清自己與同伴各自「做得到的事情」與「辦不到的事情」，並下定決心盡量集中精神在自己辦得到的事情上，並將做不到的事情交給別人——這才是活得精彩的訣竅。如果對誰感到煩躁，或者是對誰感到自卑時，請像念咒語一樣告訴自己：「只是每個人擅長的事情不同而已。」

5 溝通交流會因世代不同而產生隔閡

目前已經介紹過兩種「問題解決與對話」，以及兩種「身體的運動方式」（共計四種）。接下來要再探討另外兩種。那就是發生在不同世代之間的交流隔閡。事實上，對交流所產生的共鳴反應（點頭或是下意識做出與對方相同的表情與舉止，以表現出理解的行爲）也有世代差異。

1990年代後半期出生的世代中，有愈來愈多人不會點頭。因此，我在這幾年經常聽到許多企業如此感嘆——社會新鮮人的反應較薄弱，讓人搞不清楚年輕人是否理解自己的意思。

其實，這個世代的人在十幾年前才剛上小學，當時全日本小學都表示「一年級生的反應薄弱」。在那之前出生的一年級生參加朝會時，聽到校長喊出「一年級的小朋友們」的時候，都很有精神地舉手喊有，相較之下，1990年之後出生的一年級生，卻安靜得詭異。

也就是說，這世代的人們在交流時的共鳴反應，很明顯地變弱了。

✦鏡像神經元不活躍型

帶來共鳴反應的是鏡像神經元。

大腦裡有個功能，會像鏡子般將眼前人物的表情與舉止，完全反映在神經系統裡。負責這個工作的就是鏡像神經元。

當眼前的人笑容滿面時，我們就會跟著露出笑容。別人對自己揮手時，我們也會下意識揮動手臂。玩黑白猜時會輸掉，也是鏡像神經元正常運作的證據。

聽到他人用「要○○喔」的語氣提醒時而點頭，或者是聽到校長大喊「一年級的小朋友們」的當下會大聲回應，都是鏡像神經元帶來的反射動作。也就是說，對比這之前的世代，**現在這群不會點頭的年輕人們，可以說是鏡像神經元不活躍的類型**。

✦原因出在面對面的經驗不足

為了學習人類必備的基本動作，鏡像神經元的活性會在嬰兒時期達到最大化。像是反映口腔周邊肌肉的動作以習得說話，反映他人舉止以習得手部運用或走路。此外也能夠透過表情，體會到對方的情緒。

嬰兒會產生共鳴的對象不只有人類。有時身體會隨著被風吹盪的窗簾搖動，或者是嘴巴會隨著聖誕樹燈光的閃爍而開合。甚至連生存之道，都是透過鏡像神經元去感知的。

儘管如此，這麼強烈的共鳴反應卻不會和人一起長大，而是會隨著成長逐漸減弱。連路人都能夠輕易逗笑的嬰兒，到了3歲以後就無法這麼簡單逗弄了——由此可以觀察出，共鳴反應在這段期間經歷了劇烈的衰退。從腦部機能性的角度來看，8歲左右是小腦的發育臨界期，因此，鏡像神經元的活性程度會在這個時期穩定下來。

這時，決定最終反應功能與程度的就是日常體驗。如果孩子在生活中與雙親四目相交時，會互相點頭或是微笑的話，這個反應就會保留下來。能夠與玩伴面對面一起玩耍的話，這樣的反應也會留存下來。

日常的共鳴體驗減少的話，鏡像神經元的活性程度就會降低。透過手機螢幕與雙親交流的時間愈長，孩子體驗共鳴的機會自然就會銳減；在現實生活中與其他孩子玩耍的時間愈短，兒童之間的共鳴體驗也會減少。所以才會以1990年代後半期爲界，出現了明顯的變化吧。

因爲人類就是在這段期間，進化成鏡像神經元不活躍型。

但這不代表鏡像神經元活性降低是個嚴重的缺陷，因爲鏡像神經元不活躍型之間交流起來就很順暢。之所以造成問題，只是反應強烈的人與反應薄弱的人之間產生了誤會而已。

✦不點頭、難以理解、不機靈

看在上個世代的人眼裡，鏡像神經元不活躍型的人不點頭、難以理解、不機靈。這三個特徵，都源自於鏡像神經元。

鏡像神經元，負責反映表情與舉止。所以點頭、配合對方面露笑容或不可思議的表情等，都是鏡像神經元最重要的工作。

雙方表情一致時能夠表現出理解。雖然人類會因爲開心而露出喜悅的表情，但是喜悅的表情也會誘發腦部產生開心的訊號。也就是說，反映他人的表情，有助於更切身感受對方的情緒。我們能夠分享喜悅、對他人的悲傷感同身受，都是多虧了鏡像神經元。因此，遇到了表情與自己不一致的人時，就會覺得對方無法理解自己。

鏡像神經元不活躍型的人當然也有情感。他們只是沒有在現實交流中第一秒與他人表現出一致神情的習慣。或許是因爲社群網站上有「讚」可以按，他們才會不在意這一點。

鏡像神經元能夠將眼前人的舉止反映到神經系統，幫助人們直覺掌握對方「想做什麼？有什麼意圖？是怎麼做的？」例如：「啊，他想拿那個東西但是碰不到，那就幫幫他吧。」

但是對於鏡像神經元不活躍型的人來說，看著眼前人的行爲時，就如同放空看著車窗外的風景一樣。所以當然會給人不機靈的感覺。

如果雙方都是鏡像神經元不活躍型的人，就不會對彼此抱持這方面的期待，自然也沒有什麼機不機靈的問題。若世界上所有人都是鏡像神經元不活躍型的話，或許會比我們想像中的還要和平。

上個世代的人們對鏡像神經元不活躍型的負面評價，只是因爲代溝所產生的感想。**如果雙方的鏡像神經元活性程度相當的話，相處時大概就不會出現那麼多不滿了。**

從鏡像神經元不活躍型的角度來看，肯定覺得上個世代的人們拚命點頭很煩，或者想盡辦法表現出理解的模樣令人反感，那種過度機靈的態度也讓他們退避三舍。

不過，追根究柢來看，使用鏡像神經元不活躍型這個稱呼或許有失公允。站在年輕世代的角度，上個世代才是鏡像神經元過度活躍了吧。

正因如此，我接下來會將鏡像神經元不活躍型視爲一種「進化型」。

✦職場的過時用語

由於進化型的年輕人不點頭、難以理解、不機靈，所以面對這樣的部屬，主管往往會詢問：「你有在聽我說話嗎？」「你有幹勁嗎？」「爲什麼不做呢？」

進化型的人聽了肯定是丈二金剛摸不著頭腦。

對當事者來說，在很認眞聆聽對方說話的時候，突然被問一句「你有在聽我說話嗎？」「你有幹勁嗎？」實在不知道怎麼回答。再聽到「爲什麼不做呢？」這句話時，更是會感到懷疑：「之前有人叫我做嗎？沒有吧？既然這樣爲什麼要罵我？」

如果是個性較柔軟的類型，可能會認爲受到了霸凌。實際上也確實有人哭著向人事單位訴苦：「明明沒有人教我工作，卻總是罵我不機靈、爲什麼不去做。這是職場霸凌吧？」

「你有在聽我說話嗎？」「你有幹勁嗎？」「爲什麼不做呢？」都是說了也無法表達出眞實想法，幾乎只會被當成威嚇。所以希望各位明白，這些在職場上已經是過時的用語了，請大家今後要盡量避免再說出這三句話。

即使部屬看起來沒有在聽，也請不要在意。因爲很多人其實是有在聽的。雖然部屬確實不機靈，但是別期待對方和自己一定能培養出默契。別再說「前輩在整理的時候爲什麼不幫忙」，而是改說「前輩整理的時候也要幫忙喔」。

進化型不在意他人的表情，所以有時候被威嚇了也不會注意到，還能夠繼續輕快地活躍著。此外，進化型不害怕在國外發展，或許是因爲他們在國內一樣和他人溝通有障礙，所以已經習慣的關係吧？進化型也有進化型的優勢。

✦給進化型的應答法則

這裡要爲自認爲可能是進化型的人提供一些建議。

聽到「你有在聽我說話嗎？」時，可以回答「我有在聽，如果看起來不像的話我可以道歉」。聽到「你有幹勁嗎？」時，就回答「當然有，如果看起來不像的話我很抱歉」。至於被問到「爲什麼不做呢？」時，就回答對方「我實在不夠機靈，對不起」。

有學生在聽到我這樣的建議後，提問表示：「『對不起』說起來簡單，但是自己明明沒有做錯卻得道歉，內心不是會很受傷嗎？那我該怎麼處理自己受傷的情緒呢？」

相信本書的讀者當中，也會有人懷抱相同的看法。但是**這裡的「抱歉」是為了保護自己**，所以不需要感到太過受傷。嚴格來說，只要對於「看起來像這樣」表達出遺憾，並不是在說自己有錯（比方說：抱歉我沒有在聽你說話、抱歉我沒有幹勁）。也就是說，只是爲對方的「心情」而道歉，對於「事實」並沒有做出讓步。

✦只為心情道歉，只為心意道謝

在商務場合上，把「心情」與「事實」切割開來是非常有效的溝通方式。所以包括進化型在內的所有人，都應該掌握這個技巧。

「我讓你感到不開心了嗎？真抱歉。」世界上也有這樣的道歉法。

儘管自己完全沒有做錯事，卻因爲對方年紀比較大，或者由於對方是顧客而不得不表達歉意時，這種方法就能夠派上用場。我們只是爲了對方不高興的「心情」著想而已，並不是爲自己所作所爲而道歉，當然也算不上是玷汙了自己的靈魂。

兒子還小的時候，曾經因爲有些喧鬧而導致旁邊的年長女性皺起眉頭，我便對她表示：「孩子讓妳感到不開心了嗎？對不起。」如果我說的是：「對不起孩子吵到妳了。」那麼就不得不斥責孩子。但是以當下的情況來說，我並不想讓兒子畏縮，所以就單純爲了對方不高興的「心情」道歉。

另外也可以只爲心意道謝。

舉例來說，服務業有時會收到顧客建議：「這裡這樣做比較好吧？」「那間店都這樣做。」「別間店才不會像你們這樣。」

這時如果斷定對方是在「找麻煩」的話，就會不知道該怎麼回答。所以不妨用收到「良好建議」的感覺，僅感謝對方的心意。像是「很有參考價值（獲益良多），謝謝」。

因爲只說了很有參考價值，所以要不要改變全憑自己的判斷就好，不需要因爲這種事情而感到過於沉重。不過我認爲，偶爾實際參考看看他人的意見或許也不錯。即使是刺耳的客訴，只要當成建議接受的話，也能夠讓對方感受到自己的成長空間。

總結來說，只要熟悉以下這三大要點，我們在職場上經營人際關係就幾乎所向無敵了。

- 只爲心情道歉，或者是只爲對方的心意而明快道謝。事實的部分就按照事實去冷靜處置即可。

- 聆聽時化身爲共感型，訴說時則化身爲解決問題型。
- 明白彼此只是「擅長的事情不同而已」，就不會對與自己不同的他人感到煩躁，也不會因爲與他人有分歧而自卑。

Chapter 2

AI與人類的近未來

活得比以前更幸福的方法

AI可以幫助醫療界注意到人眼容易誤判的癌症。
再過不久，想必能夠端出媲美巨匠的藝術作品、
想出足以與一流廚師匹敵的創作料理。
但是它們無法感受到藝術作品的美，以及創作料理的美味。
因為AI不具有五感，也不存在壽命。
無論何處、無論何時，AI都只不過是工具而已。
世界正處於AI浪潮當中，
不被AI絆住的冷靜是人類必須邁向的道路。

1 身處AI即將顛覆一切的時代

✦第三次AI浪潮對世界帶來的改變

2016年3月15日。

被譽爲世界棋王的韓國圍棋棋士，與AI的世紀對決在這一天落幕。「人類終究敗給了AI」這個轟動社會的新聞傳遍全世界，進而爆發了第三次AI浪潮。各大企業與團體都正式考慮要引進AI。

1980年代則是所謂的第二次AI浪潮，我在這段時期開始從事人工智慧研發，參與了各式各樣的基礎技術。最後「人類與人工智慧的對話」成了我的主要研究方向。1991年4月，在全日本核能發電所開始運作的世界首個日文對話型資料庫，就是我所開發的。也就是說，我屬於AI開發者當中的先驅之一。

但是AI這個名詞，終究還是被忘卻了。80年代的浪潮以「基礎技術的AI」為主，遠遠不及一般人以為的AI（自動駕駛、會說話的機器人），令人大失所望。這個沉睡了足足20年的名詞，終於在2016年3月15日，華麗登上各大報章雜誌與網路新聞的頭條。就這樣，世界毫不留情地進入了AI時代。

◆人工智慧之父與多樣性的黎明

順道一提，幾乎沒有人知道第一次AI浪潮的存在。在1950年代，英國天才數學家艾倫·圖靈展現出了「機械可擁有知性的可能」，揭開了第一次AI浪潮的序幕。全世界的研究者與藝術家都從中獲得啓發，使AI在小說與電影中陸續登場。除此之外，圖靈博士最有名的事蹟，就是在第二次世界大戰中，破解了有名的德國恩尼格瑪密碼機。

他從納粹德國的手中拯救了祖國英國，構築了現代的電腦基礎，是人稱「人工智慧之父」的歷史偉人。然而他被檢舉爲同性戀之後，功績就受到不當的貶低，因爲同性戀在當時的英國仍是一種犯罪。

直到距離他死後已經非常遙遠的2009年，英國政府才正式爲迫害圖靈博士人權一事謝罪。2021年又將圖靈博士的肖像，放在新版的50英鎊鈔票上並發行至全英國。

圖靈充滿朝氣的感性，在我還是年輕AI工程師的時候帶來了不少啓發。這樣的我透過網路看見新鈔設計時，久久說不出話來。因爲無論是從多樣性還是人工智慧的觀點，我都彷彿親眼見證了人類的進化。

✦要從人類的智慧中，撥出哪一部分呢？

未來，我們遲早會有需要與AI部屬或同事一起工作的一天吧？各領域都陸續有AI專家登場，為我們處理「模式化的任務」、「從日益膨脹且瞬息萬變的知識中蒐集有益的資訊」、「激發出小創意」等工作。如此一來，當然會有些人類的工作被搶走。但是另一方面，也會同時誕生出屬於人類的新工作，例如：專門規劃AI的總監。也就是負責決定要從人類「智慧」中撥出哪一部分、並如何教會AI的人們。

美國似乎已經有一些運動或經濟方面的報導，是由AI所撰寫的；但是各大報社勢必需要各具特色的基礎模型。同樣一場讀賣巨人對上中日龍的棒球比賽，中日體育報與讀賣新聞所寫出的報導肯定不同。此外，進一步彙整要餵養給AI模型的資料時，甚至能夠打造出以「過去知名記者」為主題的模型。

也就是說，AI總監不僅要重視當下、展望未來，還必須試圖從過去挖掘出更多元模式的智慧。在人類龐大的經驗與智慧當中，究竟可以撥出多少東西，並在什麼樣的情況下餵養給AI呢？這部分的統籌設計以及爲了能夠實際派上用場的訓練，都仰賴AI總監。

AI總監未必要是AI專家，**對事物的執著力**才是他們應該必備的素養。以體育報導的AI總監來說，就是「沉浸於體育新聞中，陶醉於優秀報導的能力」。然而現在的AI工具還不夠成熟，不足以支撐這些非AI專家的相關從業人員。甚至可以說連成爲可立即派上用場的工具都算不上，還處於客製化生產的階段，也就是財力雄厚的企業與創投企業，圍著研究開發者一起挑戰。一般企業的經營者，只要靜待時機到來即可。

✦為了避免連靈魂都一併奉上

唯有一點必須特別留意，那就是AI所剝奪的，是讓年輕人感到痛苦的「東奔西走型任務」。然而對於28歲之前的腦部來說，這種彷彿要溺斃在龐大的資訊海當中，四處嘗試都失敗的經驗是很重要的訓練。**年輕時沒有在前線哭泣過，到了50歲也無法培養出能夠第一秒判斷本質的大腦。**

若將大腦視爲某種裝置的話，人生最初的28年屬於輸入裝置，也就是不分青紅皂白拚命吸收「世間萬物」的時期。對這段期間的大腦來說，反覆處理定型任務以及爲了「世間的不合理」而哭泣的經驗都是不可或缺的。

然後在接下來的28年間，腦部會決定迴路的優先順序，正式確立自己的特性。對這段時期的腦部來說，失敗經驗是大腦最重要的糧食。接著到了56歲時，腦部終於迎來直覺非常敏銳的輸出性能最大時期。

然而，AI將會承接「定型任務」，從「不合理」與「失敗」中保護人類。儘管這是好事，但是從另一個角度來說，也從根本剝奪了年輕人的學習機會。雖然AI不會沮喪也不會抓狂，甚至能夠24小時工作，可以說是非常棒的員工。但是**經**

營者們也要從人才培育的角度，適度做出「不刻意引進AI」的決定。

世界正處於AI浪潮當中，不被AI絆住的冷靜是人類必須邁向的道路。正因如此，我才決定將3月15日稱爲「AI紀念日」，並將這天視爲避免人類連靈魂都獻給AI的日子。

（改寫自《Comment liner》2017年3月15日的專欄文章）

2 想不出該如何發展物聯網？

✦如果玄關設有宅配按鈕的話

與AI一起在商務最前線登場的關鍵字，還有物聯網（IoT，Internet of Things）。在這個只要有手機就什麼都辦得到的時代，正適合這種「不必特別前往現場，就能夠視情況提供資訊的小小裝置」派上用場，對吧？相信很多人都這麼認爲，但是其實聽到「請提供引進物聯網的想法」的要求後苦惱不已的商務人士卻愈來愈多。因爲無論想出什麼創意或提案，最終都是僅憑手機就可以辦到的事情……

但是呢，其實也有例外。

以宅配爲例。「收件者不在家，只好另外安排時間重新上門」的情況，讓宅配業者的工作量暴增。最理想的狀況，就是收件者在家時上門，一次就能夠配送完成，收件者當然也想要一次就收到東西。儘管如此，這樣的理想卻遲遲難以實現。既然如此，在玄關設置宅配物聯網不就好了嗎？

這個小小的裝置只需要兩個按鈕，一個是由宅配業者聯絡，另外一個是由收件者聯絡。當貨物送到最近的物流中心時，負責通知「貨物到達」的按鈕就會亮燈。如果收件者剛好在家可以收件，就按下「現在可以收貨」的按鈕。如果中途跑去洗澡或是上廁所必須待比較久的時間，就先暫時關閉按鈕，等到可以收件時再重新亮燈即可。如果是集合式住宅的話，配送員確認完「現在可以收貨」的門牌之後，就只需要將這幾戶的貨物放進推車，再安排合理的動線即可。

將來甚至可以設計出無人操作的自動推車，把貨物送到各戶門口。爲了避免物品遭他人竊取，可以再加上這樣的設計——唯有推車進入物聯網一公尺內的範圍，並按下相應的按鈕時，放置該貨物的柵門才會開啓。

✦從生活中的需求出發

當然，現在已經有預告配送的電子郵件通知、能夠指定送達時間的系統。但是外出時要確認電子郵件其實很麻煩，指定送達時間實際上也不是那麼好用。甚至有很多狀況，會使人無法在指定時間回家。

據說已經有人想出了巡迴型的無人貨車，在部分地區開始嘗試自動送貨。只要事前用手機等裝置指定場所，貨車就會在你指定的時間到達，收件者即可順利在該處收貨。但是不用深思，我的腦中就浮現了好幾個主婦不想使用這項服務的理由，包括：

①「事前指定」很麻煩。
②外出時收貨會很難帶回家。
③必須自行輸入識別碼。

所以在執行無人貨車巡迴這麼具有挑戰性的方案之前，爲什麼不先試著引進物聯網的技術呢？物聯網的創意無法普及化的理由，便在於大家覺得「用手機就可以辦到」這個迷思。甚至從這個例子來看，手機已經能夠執行的工作，也可以用物聯網來取代。而且物聯網比較單純，反倒更加吸引人。這兩點可以說是開發物聯網的關鍵。

個人最想要的物聯網，就是直通兒子手機的「陪伴按鈕」。也就是只要按下這個按鍵，在遠方生活的兒子就會打電話過來的可愛裝置。

聽到這種需求時，想必很多人都會表示：「既然如此，妳自己主動打電話不就好了嗎？」但是不一樣喔，和「打電話過去後接電話」的兒子說話，與和「知道我需要陪伴，而特地打電話過來」的兒子說話是不同的。女性們幾乎都能夠明白我的心情，甚至表示：「我也希望有個直通男朋友手機的陪伴按鈕～」才行。

如果各位想要開發出讓物聯網一鳴驚人的功能，就必須先理解這之間的差異

（《Comment liner》2017年4月26日）

3 透過AI研究而注意到的男女性腦差異

✦不相容的男女對話風格

大約在1980年代後半，我的團隊接到了一項任務，那就是「研究人類與AI的對話」。

當時的AI開發現場，假設的都是30年後的社會。也就是想像過了2015年後，世界會進入AI時代，人類與人類之間會出現某種智慧設備，能夠察覺人類的思緒與動線等並主動出手協助。那麼，這些設備該用什麼樣的方式說話，人類才能夠毫無壓力地與這些設備共存呢？我的團隊在開發電腦的日文對話系統之餘，也進一步探索「何謂優良的對話」。

結果在相當早期的時候，我們就注意到男女之間對話風格的差異，而且兩者互不相容。

◆女性述說「來龍去脈」時不可以任意打斷

發生問題時（或是感到不安、不滿的時候），女性會試圖從頭到尾訴說整個過程。例如：「我在三個月前對那個人這麼表示後，對方回答〇〇，然後我又說了××，如此這般後就變成那樣了……」

女性腦會這麼做是有原因的（追根究柢來看，腦部所做的事情是不會毫無理由的）。因爲女性腦大多屬於過程導向，會試圖從過程推導出眞理與智慧。在女性訴說的同時，也會在不知不覺間探究出「是誰導致如此事態」、「有哪裡不妥」、「我對此已經無能爲力了」等核心問題。就這樣在敘述結束的同時，也找出的適當的答案。

但是，部分男性卻會將女性這方面的習慣，視爲無聊的抱怨、找藉口，甚至是在說他人壞話等等。這其實是種汙衊。因爲女性腦是秉持著謙遜的態度，**試圖找到最合理的問題解決之道，所以才會述說來龍去脈**。打斷「來龍去脈」的話，會對女性腦造成衝擊。因爲演算出眞理的程序遭到了中斷，前面的過程全部化爲烏有。

所以建議聆聽者別隨便給出結論，說出類似「妳的表達方式不太好」這種話。就算這是事實，也會對女性腦造成過度打擊，如此一來，對方甚至可能會藉由惱羞成怒來排解情緒。

聆聽女性說話時，基本原則就是抱持同理心，順其自然聽下去。只要說句「我懂妳的心情」，對方自然能夠摸索出「我也有需要反省的地方」之類的結論。對女性腦最有效的對話風格，就是「過程導向共感型」。

另一方面，男性腦會想先定下終點，也就是**一開始就具體決定結論與對話的目的**。而且即使談話才進行到一半，只要注意到問題點就想要立刻指出來並盡快解決它，是他們的習慣。因此，對男性腦來說最有效的對話風格，就是「終點導向解決問題型」。

✦ AI同樣需要兩個對話引擎

而AI的對話系統，沒辦法在一套程式中寫入兩種方向與感性都完全相反的對話。必須由AI開發者們，分別製作兩種對話引擎，然後同時安裝在裝置裡。因此，即使雙方同為AI，只要使用的對話引擎不同就談不攏了。理解這個道理的我，對於活生生的世間男女們竟然不知道此事而感到驚訝不已。

聽女性訴苦的時候，明明提供了解決方案卻被罵的男性；以及看到男性急著做出結論，而覺得對方不愛自己並感到受傷的女性，這類的例子層出不窮。AI的研究，意外地能夠在人情世故方面派上用場。也就是說，AI研究也可以說是研究人腦祕密的一門學問。

（《Comment liner》2017年6月13日）

4

無論何處無論何時，AI都只是工具

✦會超越人類的就是會超越

「無論人工智慧進化到什麼地步，想像力終究是屬於人類的，對吧？」「某位學者提到唯有讀解能力是無法超越人類的，這是真的吧？」我曾聽過這樣的問題，且提問者臉上通常都寫著「請妳說是」。

許多人似乎認爲「想像力」與「讀解能力」是人類特有的技能，同時也將其視爲人類存在的意義。因此，若AI在這個部分動搖人類的地位時，有些人就會覺得受到了威脅，所以希望聽到專家表示「AI確實無法超越人類，別擔心」。

但是很遺憾的，我對此的回答一向是「否定的」。

AI能夠輕易超越人類，無論是讀解能力還是想像力。甚至可以說AI在這些方面已經遠遠超過部分並未對此下工夫的人類了。

AI的讀解能力與想像力，已經遠遠凌駕於人類之上。但是AI能否帶來超越諾貝爾獎歷任獲獎學者等級的稀世發現，我想答案或許是No。但是以這種億中選一的優秀人才爲基準，去討論AI是否能夠超越人類並沒有意義，不是嗎？畢竟會提出這些問題的人，眞正想問的是「AI的想像力應該不會比我好吧」。所以很抱歉，我的答案還是No。

聽到我的答案之後，每個人都會浮現打從心底感到失望的表情。

✦無論是美麗還是美味，AI都無法感受

這沒有什麼好失望的——此時我會微笑著如此表示。因爲無論何處、無論何時，AI都只不過是工具而已。

AI已經可以幫助醫療業界注意到人眼容易誤判的癌症，甚至提供最新的治療法資訊。再過不久，想必能夠端出媲美巨匠的藝術作品、想出足以與一流廚師匹敵的創作料理。但是它們無法感受到藝術作品的美，以及創作料理的美味。因爲AI不具有五感，也不存在壽命。

它們只是單純將輸入進來的資訊，透過迴路輸出而已。並不是堅守什麼信念，或者是獲得哪些靈感。至於打造出來的是爛作品還是稀世名作，它們是眞的永遠不會知道。當然，只要讓AI學習判斷基準，自然能夠按照這個標準去做判定。但這時就必須要有「讓AI學習的人」。

◆賦予AI價值的是人類

也就是說，如果沒有幫助AI判斷何謂「美麗、美味、正確」的人類，AI就不具備存在的意義。既然沒有人類就無法發揮功能，那麼，即使能力超越人類，終究也只是工具而已，和堆土機或洗衣機沒什麼兩樣。

或許有一天會出現這樣的AI——曾經與美學專家相處，所以擁有極高的美學素養；因爲和美食專家的相處經歷，所以能夠分辨出眞正的美味。或許也會出現與駕駛高手共處過的AI車吧？

如果是我的話，倒是想要購買一台與女演員由美薰一起生活過的AI裝置，因爲我想知道她到底平常過著什麼樣的日子，才能夠在這樣的年紀維持人人稱羨的身材？

我們身爲人類擁有著人性，會深受美麗、美味與正確的東西所吸引，也會因爲並非如此的事物而心痛。在這個時代唯有實現這一點，才能夠帶來高度的附加價值。

因此，**「活得像人」可以說是AI無法取代的「人類最後的工作」**。所以人類理應可以活得比現在更幸福才對。

（《Comment liner》2019年12月25日）

5 人類為何恐懼AI

✦最後的堡壘是「認知」

我成爲AI工程師已經有將近40年的時間。我從一開始就一直對「認知」這塊領域很有興趣，因爲這將會成爲AI最後一道高牆。反過來說，也就是人類最後的堡壘。

人類能夠整合從五感獲得的資訊，進而認知眼前的事物。即使是用CG（電腦圖學）製作出的「前所未見的虛構事物」，人類仍然可以想像其質感與重量，例如：「被那種東西壓到的話會動彈不得」等。即使是剛出生的嬰兒，也會認知到乳房的存在並知道該怎麼做，這就是深植於本能的認知能力。可以說是大腦的看家本領。

✦人類特有的專屬技能將遭到剝奪

人類透過漫長歲月的科學研究，歸納出如此「腦部性能」。認知到這些性能之後再化爲「符號」，可以說是人類特有的科學與知性。理論、證明、計算，都是象徵人類智慧的證據。

當然，其他動物也具有「認知」能力（不如說，有時候其他動物還比較優秀），但是「計算」與「符號處理」卻只有人類才辦得到。自認爲是特別存在（最接近神）而自傲的人類，也將其視爲與其他動物劃清界線的特別能力並發展至今。人類能夠擺弄符號化（語言、符號、數字、公式）的概念，而這長年以來確實是專屬於人類的技能。數千年來，由計算所帶來的喜悅與驕傲，都掌握在人類手中。

現在卻出現了足以動搖人類尊嚴的存在，那就是AI。人工智慧可以自行計算，玩弄符號化概念的手段甚至比人類更加熟練。

人類向來秉持「崇敬客觀性科學的菁英理論」，這使AI成了一大威脅。因爲人類對這種技能握有的專屬權，即將要被AI給剝奪了。擔心AI像科幻電影一樣攻擊人類的人，肯定沒有想像中的多。有些人只是很單純地害怕「會自行計算的機械」，將使人類失去存在的意義吧——那麼，人類的存在意義，眞的會因此而消失嗎？

✦人類全新的存在意義

當然，我並不這麼認爲。因爲我們具有「認知」。

或許人工智慧最終能夠想出足以與一流廚師匹敵的創作料理，但是卻沒有舌頭可以品嘗它。所以它們搞不清楚這到底是極品還是垃圾？即使能夠藉由演算法推論出「美味程度」，但是超越演算的奇蹟絕配（或者說相乘效果），終究只有人類才明白。

因此，生命本身的認知能力，也就是感性，會成爲人類全新的（同時也是原本就擁有的）存在意義。

人類未來的責任，就集中在對生命的「實感」與「符號」的交錯之間。「計算」已經不再是人類唯一的驕傲，支撐人類超過兩千年的價值觀，恐怕也會被AI所顚覆吧……

人類之所以恐懼「會自行計算的機械」，並不是「擔心它們失控」這麼表面的原因，而是更加深層的。

獨立研究者森田眞生的著作《計算的生命》（計算する生命，暫譯）中，將人類稱爲「計算與生命的混血（hybrid）」，也就是「生命（感性）」與「符號（知性）」的混合體。這是足以與其他動物、AI都劃清界線的名稱。用來表現人類新的存在意義，可以說是恰如其分。

（《Comment liner》2021年6月9日）

Chapter 3

世界上沒有無用的腦

多元發展的優勢

膽怯或猶豫不決的孩子，

很有可能是因為正腎上腺素分泌濃度較高的關係，

所以通常可以發揮高度的學習能力。

這絕對不是什麼壞事，

他們其實擁有著具有高度觀察與危險迴避能力的大腦。

當然，不膽怯也無視教訓的大腦，

對人類的發展來說同樣重要。

正因為擁有無視教訓以及膽怯的腦，

這個世界才能夠順利運作。

1

讓腦袋卡住的牙齒

✦缺牙的故事

我前幾天參加ＮＨＫ的節目錄影時，現場嘉賓還有將棋棋士加藤一二三老師。身爲史上最高齡現役棋士，並持續刷新最高齡勝利紀錄的加藤老師，在段位達九段（後稱加藤九段）的時候，敗給了如彗星般現身的14歲新星藤井聰太（當時段位爲四段，後稱藤井四段），便於２０１７年6月20日正式退休。當時加藤九段已經77歲了。

藤井四段的超人氣與無敵，導致加藤九段竭盡全力後離開戰場的場面，在媒體上不斷重播。但也多虧新聞熱度，讓他退休後開始參加綜藝節目。作爲身經百戰的棋士，同時也是虔誠基督教徒的加藤九段說了一段故事，這則故事極爲現實卻又深奥，令周遭人不禁讚嘆出聲，也讓那「缺牙的笑容」更加迷人。

當時他說的故事，就與缺牙這件事情有關。

在一起演出的節目中，加藤九段提到自己因爲缺牙，所以老婆每天都逼著他去治療，讓他相當苦惱。再加上近年來經常上電視的關係，也有許多人提到這件事情。「但是，」他繼續說道，「有牙齒的話，頭就轉不動了。」

根據他的說法，以前裝了臼齒的時候，腦袋的運轉就整個卡住了，什麼都想不出來。作爲一個棋士，這是致命的危機。在他無奈拆掉植牙後，腦袋就恢復原狀了。「站在腦科學的角度，我很理解這件事情」，我對此深感認同。事實上，口腔動作與腦部也有密切的關連。

✦嘴巴的開合程度會影響小腦

下顎正後方有個叫做小腦的器官。**小腦主宰著空間認知與身體控制，有助於具體想像事物，直觀能力就源自於此處。**而小腦則會受到口腔開合程度的影響。

舉例來說，念「高」這個字的時候，上顎會高高抬起，這時的感覺就會透過小腦打造出與字面上不同的「高的形象」。念「低」這個字的時候，下顎會壓低，腦中也會描繪出低的形象。英文也一樣，念「High」的時候上顎會抬高，念「Low」的時候下顎會壓低。我們的口腔就像這樣，不知不覺間透過開合程度與腦部互相聯絡。

此外，任憑思緒徜徉在宇宙或悠久歷史中的時候，儘管嘴巴是閉上的，下顎通常會放鬆使臼齒一帶產生空間。當思想飛到遠方時，口腔自然就會抬高。相反的，專注於近處的某種事物時，就有牙齒與牙齒貼合、下顎用力閉緊的傾向。

✦老化現象會帶來新的世界觀？

思緒與口腔的開合程度，會產生細微的連動關係。將棋棋士們運用小腦的方式既大膽又精細，他們也有可能深受口腔的開合程度所影響。

在加藤九段失去臼齒後，下顎的咬合程度會比有牙齒時更深。或許就是這種深深貼緊下顎的感覺，讓他得以看見至今從未見過的想法。能夠持續刷新最高齡紀錄，或許該歸功於缺牙一事。

動作變遲鈍的身體、逐漸看不見的眼睛、斑點、皺紋……這些老化現象或許會賦予腦部嶄新的世界觀。所以體驗年老的過程，也是一件有趣的事。

（《Comment liner》2017年7月25日）

2

為何有些動作就是做不到？

✦四肢控制方法有四種

四肢是由小腦負責控制的，控制方法分為四種，每一種都是與生俱來的。簡單來說，身體有四種運動類型。每一種類型都各有擅長與不擅長的動作，如果指導者與學生是不同類型的人，並強迫學生符合指導者所認同的「身體運動方法（包含使用的部位與順序）」，那麼，即使是天賦極佳的藝術家、音樂家與書法家，都難以實現出色的成就。

抓握或操作物品、站立或走路時，擁有四肢的動物都會轉動手臂或腿部的骨頭，而主要轉動的部位則因人而異。

以手臂爲例。手肘以下是由連接至食指的正中央粗骨（橈骨），以及連接至無名指的外側骨頭（尺骨）組成。無論是誰，做出動作的第一步，就是會優先使用其中一邊的骨頭。受到骨頭與神經系統的構造影響，橈骨與尺骨無法同時運作。所以有些人會優先使用食指，有些人會優先使用無名指。

此外，還各自分成會朝著中指迴旋的類型（手指會併攏，所以力量會集中在手指上），以及會朝著大拇指或小指迴旋的類型（手指會分開，所以力量會集中在手掌），總共有四種身體控制類型。

「**控制四肢的四種類型：**

① 做動作時優先使用食指，食指會朝向中指外旋。

② 做動作時優先使用無名指，無名指會朝向中指外旋。

③做動作時優先使用食指，食指會朝向大拇指或小指外旋。
④做動作時優先使用無名指，無名指會朝向大拇指或小指外旋。」

✦鈴木一朗與松井秀喜的差異

那麼，你是哪一種呢？

我是④無名指側的骨頭會往小指側外旋的類型。由於外側骨頭外旋的幅度會更大，所以無論是起身時或是開始走路時，重心都會先放在後腳跟，然後再以彈起的方式做出動作。這種做法的力量比較大，但是不擅長在缺乏反作用力的情況下突然衝出。而且因爲力量沒有放在手指的關係，所以握力很普通。無論是打高爾夫球、網球還是投球，都必須將力量確實放在後側的足部，以製造出強大的反作用力。

③食指骨頭會朝大拇指側迴旋的人，和④同樣是把重心放在後腳跟以製造彈力的類型。這類型的人內側骨頭會進一步往內側內旋，所以與外側骨頭外旋型一樣，主要使用可涵蓋範圍較廣的手掌與腳底，做出動作時也必須先把重心放在後腳跟。

相對之下，像①、②中指會朝向食指與無名指的人，因爲手指會併攏的關係，所以力量會集中在手指上。因此他們手指的力量較強，開始做動作的時候，也能夠立刻用指尖用力。反過來說，他們並不擅長先把重心往後壓，再運用反作用力的動作。比方說，在打高爾夫球、網球或是投球的時候，若是要他們先把力量壓在後側足部上以製造出彈力的話，無論怎麼嘗試都會導致力量下降，控制程度也會變差。

以棒球來說的話，鈴木一朗就屬於①或②這個類型，他的打擊方式屬於前傾（重心維持在前方往前打擊），松井秀喜則與他相反，姿勢會偏向後側（重心放在後面，再利用從後方而來的反作用力擊出）。前傾型在擊球之後可以較快切換至跑壘模式，所以能夠靈敏地攻擊敵人的破綻。重心在後的人，雖然缺乏這份靈敏度，但是力量卻難以忽視，可以說是充滿動態感的強大能量。

無論哪一種都各有美好之處與優缺點，最重要的是，**沒有人能夠輕易調整成「其他類型」**。

✦適合自己身體的運動方式

有位興趣是攀岩的朋友，有陣子苦惱於手指力量不足的問題，而他就屬於無名指外旋型。因此他愈是用力，力量就愈集中在掌心，手指會分得更開並失去力氣。無論怎麼訓練都無法改善。相反的，他很擅長利用反作用力踩到遠處的岩石來往上爬。於是我給了他這樣的建議：「你不管怎麼鍛鍊手指都沒用，試著思考該怎麼善用手掌的力量吧。你不一定要和憧憬的前輩『一模一樣』。既然是爲了興趣而做，就不必非得征服每一面牆吧？每個人應該都有適合自己的方式，所以不要困在那種到處都是憑手指抓握岩石的類型。眞的不行也可以考慮換個興趣來挑戰。」

如果在學習的時候，發現有無論如何都做不好的事情，就代表這件事情可能不適合自己的身體類型，這時或許先停下腳步會更好。

（《Comment liner》2017年9月13日）

3 大腦會在28歲開始老化

✦腦的賞味期限

各位認爲人腦的巔峰是幾歲呢？

第一次聽到這個問題時，是我作爲AI開發者，學習人腦各種狀況的時候。那是一位腦部生理學專家所提出的，看著回答不出來的我，這位老師表示：「**人腦巔峰只到28歲，過了28歲就會開始老化。**」

我聽了相當訝異，現代人的身體搞不好會活超過百歲，而人類擁有的腦部竟然只有28年的賞味期限，實在太過衝擊了。我在大學裡曾學過基本粒子的概念，在物理學的領域裡，世界上沒有毫無作用的事物。整個宇宙已經實現極其細緻的平衡，然而，如同宇宙般的奇蹟人腦，竟會這麼失衡嗎？眞令人難以置信。

而我的直覺果然是正確的。隨著AI研究的發展，我發現腦部的賞味期限遠比28年更長。但這不代表腦生理學專家的觀念有誤，只是我們對「頭腦好」定義不同而已。

✦腦部的使命是從記憶輸出

AI開發者會將腦部視爲一種裝置：思考輸入什麼樣的資訊、執行什麼樣的演算，就會輸出什麼樣的成果。從裝置的角度來審視的話，會發現腦部大致上是以28年爲一個階段，而最初的28年很明顯是輸入裝置。

其中前半段的14年間屬於兒童腦型。從五感獲得的資訊，會與豐富的記憶形成連結，是以感覺記憶見長的時代。進入成年人階段的15歲到28歲期間，則是單純記憶能力的巔峰。單純記憶的能力，是指迅速掌握事物且記得時長較長的能力。雖然看似單純，但是所產生的知識並不簡單。

由於每一項記憶保存時間較長，所以他們能夠揉合各項記憶，從中找出共通點，因此，這個時期的人腦也擅長形塑出某種品味或分析出某些訣竅。**不僅適合學習，還是熟悉人際關係中的進退應對與工作技巧的最佳時期。**

如果「能夠快速記下新事物」才算是「頭腦好」的話，那麼，確實腦部巔峰只到28歲。但是大腦是放眼宇宙獨一無二的裝置，很難想像它的使命只有了解世界樣貌（或理解這個世間）。最重要的應該依然是輸出能力吧？運用只有這個腦才能夠掌握的事物之後，再以它特有的語言輸出，才是腦部眞正的使命。

✦56歲是巔峰的入口

人腦輸出性能最強大的時期，是56歲至84歲的第三階段。56歲，可以說是大腦終於來到巔峰的入口。能夠瞬間看穿事物的本質，下判斷時毫不迷惘，對結果也有一定預測能力，可以說是聯想記憶能力最強大的時期。在健康的情況下，這樣的狀況能夠持續至84歲。

順道一提，第二階段（28歲～56歲），是安排腦部迴路優先順序的28年。經歷過失敗的疼痛後，就能提升失敗會用到的相關迴路閾值（引發身體反應的程度），降低神經訊號的流動速度。腦部會藉此知道第一秒不必傳輸神經訊號也無妨的迴路，如此一來，我們的判斷速度就會變快，最終「真正重要的迴路」就會浮現出來。

另一方面，腦內出現神經訊號較不容易流動的部位時，想不起來的事情也會增加，也就是所謂的「健忘」症狀。但是人腦的機制會使迷惘隨著健忘消失，所

第一階段	0~14 歲	以感覺記憶為主。
	15~28 歲	發展長期記憶為主。
第二階段	25~56 歲	安排腦部迴路的優先順序。
第三階段	56~84 歲	聯想記憶最發達的時期。

以孔子說過「四十而不惑」，既然能夠不感到迷惑，那麼也有可能正面臨健忘。也就是說，**失敗對腦部來說是最強的訓練**，健忘根本不是老化，而是一種進化！

事實上，人腦似乎還有第四階段，有研究報告顯示年過90之後，有一部分的腦部會回春。腦中名爲胼胝體的器官會隨著年齡增長而變細，但是年過90之後會再變粗。由於胼胝體是其中一個負責輸入機能的部位，也就是說，接下來還能夠再輸入新的事物。這麼說來，我所尊敬的漢文學者白川靜老師，在90歲時仍能夠繼續推出作品或許正歸功於此。從這個角度來看，每逢新年就增長一歲，聽起來也不那麼討厭了。

（《Comment liner》2017年12月25日）

4 「不畏懼失敗」的重要性

✦奧運選手宇野昌磨的堅強

平昌奧運男子花式溜冰比賽中，宇野昌磨在長曲項目中跳躍失敗而手觸地。結果在這個全世界都爲他緊張的瞬間，宇野選手卻露出了滿面笑容，接下來的演出更是益發精彩，最終獲得了銀牌。和羽生結弦一起爲日本佔據了奧運前兩名，猶如奇蹟。

宇野選手在比賽後的訪談中回答：「我看了羽生選手的表演，也看了其他人的。因爲在等待登場的時候滿閒的，沒有別的事情可以做。」這種平常心嚇了我一大跳，忍不住更認眞聽他所說的話。畢竟很多選手都緊張到沒有心力去看競爭對手的演出。

接著，他又繼續說道，自己確實把目標鎖定爲金牌，也覺得只要如常發揮肯定能夠拿到。沒想到一開始的跳躍就失敗了，讓他不禁笑出來：「竟然在這裡破功～」結果後續的表現卻愈來愈好。

不畏懼失敗，甚至能夠把失敗當成起點。這樣的堅強讓我內心澎湃——日本人終於成長到這個地步了嗎？這個國家眞的邁向國際化了。

✦被打敗後反而更興奮

我曾經學習過義大利文，當時的義大利籍老師曾經詢問我：「日本人在搶得先機的時候，如果被迎頭趕上的話，氣勢就會瞬間減弱，這是爲什麼呢？」

如果是義大利人的話，此時會更加興奮，覺得「比賽終於正式開始了」，對他們來說，比賽就是「有來有往」，絕對不是誰遙遙領先而已。我很喜歡的摩托車賽車手瓦倫蒂諾・羅西也說過，獨自在前頭奔馳是很無趣的。所以被對手超車的時候，他會高興得像是渾身都在尖叫一樣，即使從遠處也看得出他的興奮。

是要將「被擺了一道」、「被超過了」視爲勝負的關鍵？還是視爲破壞完美的要素而感到失落？我認爲對活躍於國際舞台的人們來說，這是很重要的心態。不只體育界是如此，在商務場合亦是。

✦藉由失敗的累積，提升腦部的素養

失敗本來就是對腦部的最佳鍛鍊。體驗到失敗的疼痛之後，失敗時所用到的相關迴路閾值就會提升，神經訊號會較難傳輸到此處。如此一來，反覆經歷過心痛的失敗後，多餘的迴路就會消失，**在轉變成不易失敗的大腦之餘，也因為第一**

秒的神經訊號不會跑到不必要的迴路，而變得更能夠看穿本質，成爲直覺更精準且更有素養的腦。

所以沒必要害怕失敗，不如明快地承認這次的失敗，帶著清爽的心情好好睡一覺吧。

在教養方面也是如此，若家長總是預先爲孩子提供答案，在孩子失敗時，甚至比當事者更加失望的話，孩子就會培養出一顆「**恐懼失敗的腦**」。因此，讓完美主義的家長負責早期教育是很危險的事。

AI的深度學習對象，也包括了失敗案例。此外，在AI的協助下，人類失敗的機會將會銳減，進而踏入「失敗變得格外珍貴」的時代。在這種情況下恐懼失敗就太可惜了，所以請學學宇野選手吧。

（《Comment liner》2018年2月26日）

5

名為「56年前」的發想法

✦「美墨邊界圍欄」與「柏林圍牆」

2016年的美國總統大選，發生了令我說不出話的瞬間。那就是當時共和黨候選人川普說出「美墨邊界圍牆」的那一刻，因爲這讓我更加肯定——果然是川普的風格。

我有個技能，那就是用跨越56年的時間線去看待世界。人腦擁有「七年生厭」這個最原始的感性，綜觀世界，可以注意到大眾的腦部傾向以56年爲一輪

（也就是七年乘上八次）。因此必須解讀時代風潮的時候，以56年前的事件爲起點去思考，自然能夠掌握「現在」的狀況。

當川普說出設立「美墨邊界圍牆」時，我想到了「柏林之牆」正是在56年前所建的。

✦川普總統與甘迺迪總統

柏林之牆是在1961年建成的。在1960年，西德的國民所得達到東德的兩倍，使人口流失問題益發嚴峻。1961年6月，蘇聯最高領導人尼基塔·赫魯雪夫表現出強硬的態度，表示西柏林若不撤軍的話將不惜發動戰爭。對此，剛就任美國總統、氣勢正旺盛的約翰·甘迺迪果斷拒絕。於是柏林圍牆就在這個夏天「忽然現身」。順道一提，這道柏林圍牆是在28年後消失。

川普是在甘迺迪任職總統後的第56年任職總統，兩人的氛圍截然不同，但同樣都屬於強悍的民族主義者。因此，當川普說出「邊界圍牆」時，我內心騷動不已，這讓我深深感受到時代的流動。因爲56年前曾發生過類似的事件，如此一來，即使沒有眞的發生與28年前相反的事件，仍足以動搖人們的心情。

嚴格來說，柏林圍牆並非國境圍牆，也不是建在美國這一邊。但是牆壁這個名詞所象徵的「強悍美國」，深深刺激著美國國民的潛意識。如果川普是因爲了解這一點而刻意安排的話，手段實在高超。即使這只是他憑直覺想出的話語，仍然是極爲出色的才能。這使得川普在我眼中，不再只是單純魯莽且容易得意忘形的人了。

◆思考56年前的感性

只是說，這種檢視事物的角度，不過是種遊戲罷了。單純用來刺激想法的話就非常有效。舉例來說，開發新商品的時候，不妨思考一下56年前的人爲什麼樣的事物（設計、概念、標語）而心動。

汽車與時尚都已經完美復刻了56年前。假睫毛在1950年代大受歡迎，直到1959年才因爲流行在眼尾畫出貓爪似的眼線而衰退。2000年代後半又掀起的假睫毛風潮，又於2015年被名爲貓眼妝的眼線取代。常春藤學院風興起的56年後，再度流行了訂製套裝。

儘管必須鄭重思考56年前的感性在現代是否通用，但是至少在提案或開發會議這種場合上，有助於說出不同於他人的創意。各位不妨嘗試看看。

（《Comment liner》2018年4月26日）

6 人會隨著大腦的構造而有不同傾向

✦ＬＧＢＴ是人類所必要的物種

「ＬＧＢＴ（性少數群體）不具生產力。」受到眾議院議員杉田水脈這段話影響，我開始收到許多這樣的提問：「從腦科學的角度，會如何看待ＬＧＢＴ族群呢？」

作爲長年探究腦部機能性的學者，我必須在這裡先說清楚。ＬＧＢＴ族群是人類史上必要的發展之一，我完全想不出稱他們沒有生產力的道理在哪裡。

「LGBT不具生產力」這段話有雙重錯誤，因為這些性少數群體的腦部其社會生產力絕對不低。此外，「將稅金用在不具生產力的人身上很奇怪」這個想法本身就相當詭異。

✦胼胝體粗細與男女性腦

男性與女性的腦迴路結構與神經訊號特性大不相同。造就這種差異的，在於銜接左右腦的神經纖維束——胼胝體的粗細。

女性的胼胝體天生比男性粗，兩腦連結狀態絕佳。右腦是感覺的領域，左腦則直通顯意識，主宰語言與符號。左右腦合作順暢，就代表這個人懂得察言觀色、有足夠的同理心、擅長臨機應變。但是當左右腦合作不順暢時，一個人的空間認知能力就會提高，能夠俯瞰整體情況、制定策略與察覺危機，擅長思考複雜的機制或組裝等。

在胎兒28週大之前，男女的胼胝體粗度大致相同。直到妊娠中期至後期，母親的胎盤開始會供應雄性荷爾蒙給男性胎兒，據說就是這個作用導致胼胝體變細5～10％。

這種後天形成的男性腦，會因爲胼胝體變細，而產生較爲陽剛的性格。但是胼胝體偏粗的男性，則有**直覺敏銳**、**擅長藝術或擅長帶來新發現**、**開拓新事業的特質**。愛因斯坦博士死後解剖結果，就顯示出他的胼胝體比一般男性粗達10％。也就是說，胼胝體偏粗的男性有別於典型男性腦，對人類來說同樣不可或缺。

✦和他人不同的腦，能做到不一樣的事情

胼胝體偏粗的男性當中，有許多人是異性戀，其中不少人有強烈的女性腦傾向，認爲採用與女性相同的言行舉止比較適合自己，因此進一步出現雙性戀或喜歡同性的性向。這些人毫無疑問地擁有敏銳的直覺，甚至能夠看見他人所無法注

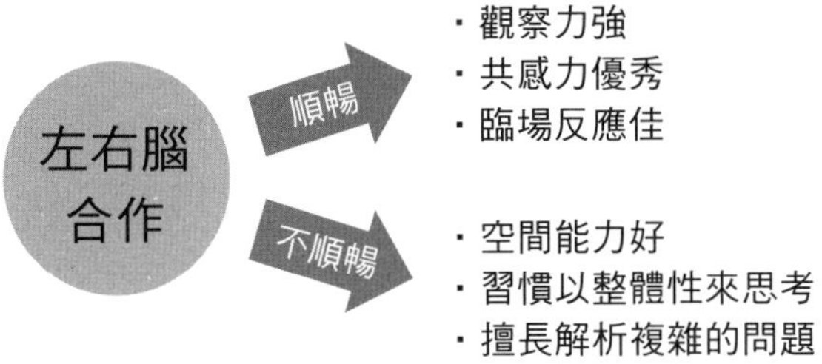

意到的事物。紐約還有過「董事會裡沒有同志的話，公司會倒閉」的說法，正是因爲這個理由。

即使天生爲女性腦，也會有左右腦銜接沒那麼好的情況，有些女性的睪固酮（協助男性腦型神經訊號處理的荷爾蒙）分泌量與男性差不多。因此，同樣也有女性腦部在運作上偏向男性腦。

即使身體是男性，屬於女性腦的時候就比較容易愛上男性，反之亦然。從腦科學的角度來看，這是「很普通的」戀愛。只是腦部與身體的性組合與多數人不同而已。

和他人不同的腦，能做到不一樣的事情。就算沒有孩子，也能引發社會變革，帶來更豐富的生產力。此外，即使當事者無法賺錢，只要有人願意爲這個人而努力，那麼不就有助於提升生產力嗎？即使是身心障礙者，也不可能會不具生產力。

政治人物必須明白「每一位市民都是只要活著、與某人有所牽繫就理應珍惜」這個觀念，這才是國家與政治的基本，不是嗎？

（《Comment liner》2018年8月21日）

7 大腦的注意力指揮官

◆畏畏縮縮的孩子專注力高

「我家孩子個性消極又神經質，做什麼事情都畏畏縮縮。該怎麼做才能夠幫助孩子變得積極呢？」我有時會收到這樣的提問。

「膽小又畏畏縮縮，這樣不好嗎？」這時我會如此反問。而苦惱的家長們都理直氣壯回答了「當然不好吧」。於是我又會進一步追問：「爲什麼？」

以前也曾有對雙胞胎男孩的母親問我：「這孩子總是積極挑戰所有事情，無論在哪裡都相當活潑。但是他不管做什麼都很猶豫，這樣沒問題嗎？」

「看來他的專注力很高，應該很喜歡閱讀吧？」我如此詢問後，對方回答：「妳怎麼知道？」

十年後再度遇到這位母親時，她向我道謝：「那孩子的理科成績相當出色呢。多虧當時妳告訴我別擔心，我才能夠放手讓他做自己。」

事實上，腦中有個專門打造專注力的荷爾蒙，叫做正腎上腺素。膽怯或猶豫不決的孩子很有可能是因爲**正腎上腺素分泌的濃度較高**，所以通常可以發揮高度的學習能力。

✦腦部的油門與剎車

此外，腦中有控制神經訊號的荷爾蒙，包括讓神經訊號盡情擴散；以及讓腦部緊張以抑制神經訊號隨意擴散的荷爾蒙。也就是說，它們分別屬於腦部的油門與煞車。

讓神經訊號盡情擴散的荷爾蒙名爲**血清素**，能夠讓人在早晨清醒時感到舒爽，進而帶來一整天的幹勁。**多巴胺**則會盡情提升一定方向的神經訊號，打造出好奇心。這兩種荷爾蒙，都是腦部的油門。沒錯，「幹勁」與「好奇心」是荷爾蒙所帶來的成果。當這兩種荷爾蒙枯竭時，拚命激勵大腦「必須擁有好奇心」也沒什麼意義。

但是，當我們放任油門運作時，就有可能出現注意力渙散和過動的傾向。連「這個是怎麼回事呢」的好奇心都無法持續，專注力還會不斷飄向他處，想著：「這個呢？」、「那個呢？」

這時派上用場的就是剎車——**正腎上腺素**。當多巴胺幫助我們將注意力鎖定於某個方向，開始增強訊號的時候，正腎上腺素就會抑制第二個、第三個好奇心訊號，藉此打造出專注力。已經有研究發現，當多巴胺與正腎上腺素同時分泌時，腦部的學習效果會格外強大。

順道一提，**只有身體動起來的時候，才能夠刻意同時分泌這兩種荷爾蒙**。所以建議在必須決勝負的那天早晨，運動至稍微冒汗的程度。我們在電影裡經常可以看見超級菁英運動完後，沖個澡再去上班的場景（有時候殺手也會這麼做），這就是爲了同時釋放多巴胺與正腎上腺素。這時不必選擇激烈的運動，如果是平常沒在運動的人，光是散步或是用個吸塵器打掃家裡都能夠奏效。從這個角度來看，站立於都市過度擁擠的通勤電車裡，對腦部也有益處。

✦每一種腦對人類來說都不可或缺

然而，正腎上腺素「盡情擴散訊號」的作用，會被「不安」、「恐懼」等壓力訊號抑制，所以正腎上腺素單獨釋放時，會帶來「困惑、迷惘、膽怯」的情緒，這也是爲什麼有些孩子在成長過程中，看起來「畏畏縮縮」的。但這絕對不是什麼壞事。在孩子膽怯的期間，腦部會持續蒐集細節的資訊。所以換個角度思考，孩子其實擁有著具有高度觀察與危險迴避能力的大腦。

當然，積極且判斷速度快的腦部，對人類來說同樣不可或缺。不膽怯也無視教訓的大腦，對人類的發展來說同樣重要。正因爲擁有無視教訓及膽怯的腦，這個世界才能夠順利運作。因此，對這個世界來說，根本不存在無用的大腦。

（《Comment liner》２０１９年７月２日）

Chapter 4

男女腦天生有所不同嗎？

相互理解的第一步

對老婆來說，老公就是戰友，
是為了一起從「育兒」這個戰場中生存下來的同伴。
所以我們會期待夫妻之間可以如同軍隊一樣，
有絕佳的默契能夠俐落地合作。

然而，對夫妻來說最大的不幸，
就是儘管老婆經歷了懷孕生產以及荷爾蒙的變化，
一口氣成為「育兒戰士」，
老公卻因為自己的身體毫無改變，
所以心理層面沒辦法一下子就跟上。
而這就是「家庭從天堂變成地獄」背後的原因。

1 女性的心靈通訊線路

✦先接受，不要馬上否定

女性在感受對話時，會把「心靈」與「事實」分開來。

舉例來講，想要對女性表示「那可不行」、「我不會這麼做」的時候，必須先肯定對方的心情。也就是說，表達方式必須像「我理解妳的感受，但是這麼做是不對的」，絕對不可以一下子就否定對方。

不記得是哪一年的4月，有間家庭餐廳舉辦了芒果節活動。坐在我隔壁桌的美女三人組決定要點聖代，結果其中一人強力推薦：「現在就應該吃芒果口味不是嗎？」

另外兩人對此深感同意，並說著「香濃的口感真的很好吃對吧？而且顏色也很可愛」、「4月是菲律賓芒果最好吃的時期喔～」等暢聊一段時間後，其中一人爽快地說出了不同的意見：「但是我想吃巧克力的。」另外一個人則表示：「那我要草莓口味。」

而最初點燃這個話題的女性，對此毫不在意：「說的也是，畢竟小彩那麼喜歡巧克力。那我的芒果再分妳吃就好了。」於是三人就和樂融融地吃了不同口味的聖代。

✦職場上傷害力最強大的創意抹殺

這樣的發展對男性來說，簡直就像愚弄對方一樣，但是對女性來說卻相當幸福。因爲最重要的不是事實，而是「**他人理解了自己的心情**」。

男性會認爲「明明想吃巧克力還稱讚芒果口味，根本口是心非」，所以沒辦法這麼做，也不會給予回應，而是表情僵硬地說著「我要點巧克力」。這等於是切斷了與女性的「心靈通訊線路」，斬釘截鐵地否定了事實。**男性習慣基於正義與誠意的對話風格，對女性來說卻可能造成傷害**，因爲會讓人覺得自己本身遭到了否定。

想像一下，如果女性部屬過來表示：「我有個想法。」結果被主管一秒否決：「喔～那個與〇〇不符合所以不行喔。」這是很常見的商務對話，卻會導致某些人幹勁變得低落。對男性來說，只不過是陳述「眼前作業的不合理之處」，但是對於「心靈的通訊線路」被切斷的女性來說，卻彷彿人格遭受了否定，不禁認爲「我這種人沒必要待在這裡」。

✦男性或許會覺得不合理

身處職場的女性們，爲了在父權社會中存活下來，都會努力自行撫平這股「失望」。就連這麼了解男性腦的我，聽到老公說「那樣做不對」或是馬上就表示「我的話會〇〇」的時候，也會頭昏腦脹。

想要否定女性想法的時候，請先試著藉由「妳很細心呢」、「確實有道理」、「我明白妳的想法」等連接起心靈的通訊線路，再說出自己的意見。熟練這種技巧後，就不是太麻煩的事情了，肯定還會被稱讚是「很棒的主管」呢。

順道一提，女性也會使用相反的組合。也就是嘴巴上肯定了事實，內心卻並非這麼想。「你這麼做確實是對的，但是我不喜歡。」對於不易察覺「心靈通訊線路」的男性來說，這肯定非常不合理吧。請節哀。

（《Comment liner》2018年6月26日）

2 老婆使用說明書

◆讓人走上熟年離婚的話語

「我已經沒有和你一起生活的意義了。」女性說出這句話時，就等於是下最後通牒了。

以前某家媒體對熟年離婚的女性們做了問卷調查，主題是「向老公提出離婚時的第一句話」。結果遙遙領先的第一名，就是對婚姻生活的質問。「我沒有（搞不懂）和你一起生活的意義」「對你來說，我應該沒什麼意義了吧？」「婚姻生活的意義是什麼？」

從男性的角度來看，每天辛勤工作、每週固定倒垃圾、每個月帳戶都會有薪水進來——在這種情況下，「沒有意義」到底是怎麼一回事？

然而，在老婆們在說出這句話的幾十年前，恐怕就曾經提過「工作和我哪個比較重要」這種問題吧。有些男性聽到這句話時，會覺得傻眼：「兩個都很重要吧？到底在說什麼？」

各位，千萬不可以輕忽伴侶的這句話。

✦「缺乏參與感」的寂寞心情

男性對此通常有所誤解。認爲女性是因爲缺乏陪伴、感到寂寞，所以才會說出「工作和我哪個比較重要」這句話，其實並非如此。女性不是因爲需要你的陪伴，而是因爲沒辦法陪伴你而感到絕望。

請各位想像自己是超人力霸王的老婆。這位老公爲了拯救幾萬光年外的陌生生物的性命，拋下家庭出門搏命。身爲老婆只能理解他，既然這是老公的使命，那麼也只能說著「我知道了，路上小心」而已。只要下定決心，女性是非常堅強的。獨自派駐地球三個月？女性是不會因此感到絕望的。

爲老婆們帶來絕望的，往往是截然不同的理由。因爲超人力霸王是英雄，所以從來不會抱怨。偶爾返家時，卻把老婆的話當成耳邊風，淡淡地邊看新聞邊吃飯後，又像一陣風般地出門去了。**問題就出在這裡，在關係裡的兩人心意並不相通。**不禁讓人覺得，非得要由「我」擔任老婆這個角色的意義已經不復存在了。

面對深愛的人時，超人力霸王更應該懂得訴苦。「今天傑頓踢了我這裡，好痛喔。」「好可憐喔，我幫你看看有沒有怎麼樣。」老婆像這樣安撫超人力霸王後，超人力霸王就可以進一步表達感謝：「多虧了妳，我又可以繼續戰鬥了。」如此一來，老婆對心愛老公的人生便有了參與感，自然也就不會那麼寂寞了。

韓劇裡總有強悍聰明、既是菁英又極富男子氣概，面對外敵時一步也不肯退讓的帥氣男性，只對老婆或女朋友撒嬌的場景。「幫我看看。」「安慰我一下吧。」就連老夫老妻也是如此。所以男性們，你們平時是否太過逞強了呢？

✦藉由訴苦來維繫羈絆

人類的愛不會因爲「對方能爲自己做某事」而持續下去，是因爲「能爲對方做某事」而綿延不絕。腦部會透過交互作用（Interactive）來認知外界，以進一步確認自我的價值。也就是說，**人會透過對他人的影響進而認知「自己是什麼樣的存在」**。

職場上有名爲「報酬」的交互作用，但是鎮守家中的人若未獲得家人的感謝，就會覺得自己的努力都是白費工夫，找不到存在意義。世界上沒有比搞不清楚「自己待在此處的意義」更空虛可怕的事了。

所以面對做家事的人時，說聲「謝謝」、「很好吃喔」都是不可或缺的。

但是這種感謝一下子就說完了。所以請各位男性，偶爾也試著向另一半訴說不會輕易說出口的軟弱怨言吧，像是「為了幫部屬擦屁股沒吃午餐，結果那傢伙竟然跑去吃豬排蓋飯，太過分了吧？」之類的，讓老婆安慰自己後再感謝對方的存在吧。

展現脆弱的一面，藉由抱怨撒嬌的同時，也能夠加深夫妻間的羈絆。

（《Comment liner》2018年12月26日）

3

男女腦之間有差別嗎？

✦男女各有其典型的演算模型

大約20年前左右，作爲人工智慧開發的一環，我在電腦上安裝了「大多數女性的典型對話模式」。結果竟然意外發現了在開發時沒打算探索的另一種女性腦部機能。

典型的女性對話，就是在交談的同時加深共鳴。女性提到「我曾發生過這樣的事情，眞的很難過」的時候，其他女性就會瞬間想起類似的記憶，說著「我懂～我也遇過這種事情」後一起哭泣或是回憶苦痛。想要實現這種對話模式，記憶都必須依照「情感」來搜尋關鍵字，也就是說，**必須先有記憶資料庫才能夠「反向檢索情感」**。

只要裝有可以反向檢索情感的資料庫，就會很擅長「翻舊帳」。聽到白目發言的時候，便能夠翻出過去所有的白目發言，進而掀起舊恨：「你那個時候也很過分。」

喔～原來如此！這讓我恍然大悟，原來大多數女性腦中都擁有「反向檢索情感資料庫」。所以不安的時候，能夠立刻提取過去的不安經驗，藉此保護自己。事實上，許多女性的直覺都很強，並擅長同理他人，面對另一半時也可能會經常翻出舊帳。

從那天起，爲了易於理解，我開始稱這種能夠第一秒「反向檢索情感」的大腦爲「女性腦」。當然，女性也並非遇到任何問題都用「反向檢索情感」來解決。只是關鍵時刻會在第一秒優先使用這項功能。

也就是說，我所稱的「女性腦」是指「大多數女性會優先使用的典型演算模型」，但是並非所有女性一天24小時或每天，無論面對什麼樣的對象都會執行這種演算。

而且以「夾雜私人情緒的第一秒對話」來說，不論男女都各有自己的典型用法，且兩種模型之間也有極大的差異。只要世界上的人都能夠明白這個道理，理應能夠消除「男女之間的鴻溝」吧？也因爲如此，我將這些典型分別稱爲男性腦、女性腦。

✦從解剖學來看並無差異

近年很常收到這樣的見解：「從腦科學來看，男女腦並無差異，頂多只有個體差異而已，但這些差異是受到日常運作影響，也就是後天造成的。」針對這部

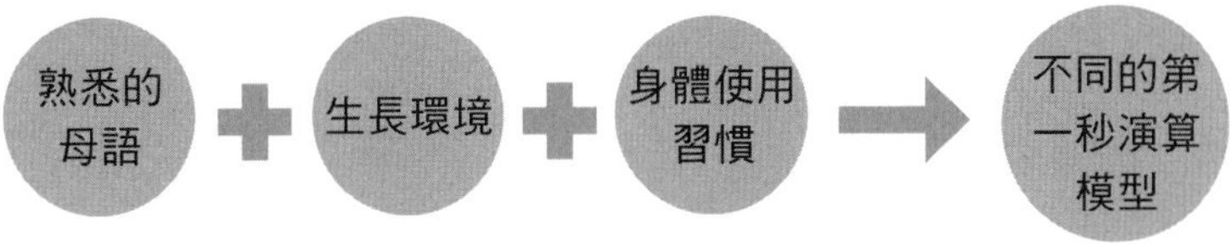

分，我會給出的答案是這裡所說的「腦科學」，恐怕是指「解剖學」的角度吧。

確實從解剖學來看，男女腦並無差異。既沒有男性獨有的器官，也沒有女性獨有的。儘管多少會因爲使用方法的不同，造成部位粗細或大小的比例不同，但是就像我們不會因爲某個人的腿特別粗，就將其視爲不同生物一樣，這種程度的差異稱不上是「不同的腦」。當然，也沒有所有男性或女性都絕對辦不到的事。

然而，如果深入探索腦部演算方式（第一秒使用的場所與使用順序）的話，會發現男女性優先使用的典型演算模型有所不同。除了男女腦的差異之外，還可以按照母語、生長環境、天生的身體使用習慣等，進一步細分出不同的「第一秒演算模型」。每一個腦，其實都是由多種演算模型混合而成的。

✦造就交流隔閡的原因

那麼，男女腦之間是否有差別呢？——單純比較規格（機能的配置）的話，我也會回答「沒有不同」。但是腦部並非一個「隨時都用得到所有機能的裝置」，甚至裝置本身的定義還會隨著使用場合而異，所以男女腦終究還是不同的。從靜態的角度（器官組成）來說沒有不同，但是從動態的觀點（神經訊號的運行方式）來說卻不一樣。

當然，也有不少認為「男女腦不同的說法會助長歧視」的意見，但是無論男性腦還是女性腦，對人類來說都有不可或缺的功能。正確理解男女腦各自的運作模式，就有機會讓雙方互相尊重，而非輕視彼此。

所以請不要只停在「男女腦是否不同」這一點，應進一步理解「雙方第一秒的腦部運用方式不同時，該怎麼應對才妥當」。

（《Comment liner》２０１９年２月28日）

4 維持夫妻關係熱度的方法

✦不會馬上否定的女性對話

女性之間不會在毫無同理心的情況下進行對話，就算是要否定他人意見時也一樣。

舉例來說，當女性朋友提出這樣的邀約：「要不要吃中式料理？」這時女性不會像男性一樣馬上給出答案：「中式料理嗎？我最近一直參加酒會，胃的負擔太重了，所以先不要吧。」

女性典型的回答方式是這樣的：「中式料理嗎？很好的提議耶，啊～不過我有間蕎麥麵想介紹給妳耶，妳想不想嘗嘗○○庵的雞肉絲湯麵？」除非對方也吐槽「這也是中式料理啊！」的時候，女性才會表現出遲疑：「抱歉，妳提議的那個對我來說口味太重了。」

在彼此應對如此細緻的女性眼中，向男性提議後馬上遭到拒絕的感覺，實在不好受。

✦讓夫妻不再對話的原因

順道一提，很多男性都沒聽過老婆和自己說話時這麼貼心，但這其實也是有原因的，那就是母性本能。

母性，是爲了平安扶養孩子長大，而內建在女性腦中的本能。爲了將所有資源（注意力、耗費的時間與金錢等）集中於孩子身上，在否決老公提議的當下並不想花太多時間，所以會快刀斬亂麻，而這麼做有助於提升孩子的生存可能性。許多老公可能都對此有著深刻的體會。

經歷過這樣的資源分配，待夫妻倆到了熟年時，**老公也逐漸養成了馬上拒絕老婆提議的習慣**。

「我想去阿根廷走走。」

「妳不覺得很花時間嗎？」

就像這樣，連老婆只是「隨口提議要不要去做一些愉快的事情」都被輕易地否定了。誠摯建議大家下次要出言否決之前先停下來想想，否則可能會造成夫妻兩人漸漸不再對話。

面對缺乏對話的人時，女性腦無法感到親近或信賴對方。如此一來，遲早有一天，老公在老婆心裡會變得很像是「故障的大型家電」，也就是所謂的大型垃圾一樣。雖然我認爲稱老公爲大型垃圾有點太過火，但是有問題的並不只有女性。會被稱爲大型垃圾的老公，肯定是對話的破壞者。

✦奉獻自我的愛情

男性腦是在長期狩獵中進化出來的。原始男性在荒野遇到危險時，必須迅速拯救同伴與自己，並拿出確實的成果才活得下去。在如此處境下，他人犯錯或是做出與自己不同行動的時候，如果不馬上告知的話，雙方都可能遇到生命危險。而這種習慣不容易戒除，於是**當疑問或否定浮現在男性腦時，他們往往會立刻說出口**。

但是適度把話吞回肚子裡，則是成熟男性應該學著遵守的禮儀。所以當老婆提出前述話題時，不妨溫柔詢問「阿根廷？你想去那裡做什麼？」即可。

另一方面，女性則是透過「同理心」來保護性命的。相較於展示力量導致他人害怕得敬而遠之，多留意周遭人的心情和感受，說著「我明白妳的想法，很辛苦耶，妳還好吧？」才能夠確實提升孩子的生存可能性。**對於女性來說，同理心是攸關性命的**。因此，面對不肯理解自己的人時，覺得生命受到威脅且無法信任也是理所當然的。

從男性的角度來看，面對總是追求同理卻不肯聆聽建議，甚至將資源集中在孩子身上的老婆，要努力感同身受堪稱「苦行」，但是辦得到的話，就能夠持續與對方保持良好的互動。

愛情是不奉獻自我，就無法獲得的。奉獻自我之後，便會發現其實沒有想像中那麼可怕。

（《Comment liner》2019年5月16日）

5 夫妻間難以理解彼此的原因

✦有無法同時高度運作的功能

腦部裡有些功能，是無法同時高度運作的。

舉例來說，當腦部控制到「瞬間瞄準從遠方飛來的物體，並立刻計算出飛行軌跡」這個地步時，就沒辦法「凝視眼前細節，不放過任何細微的變化」。也就是說，人類沒辦法在丟接球的當下，注意到腳邊的四葉幸運草。

既然沒辦法同時高度運作，那麼，腦部如果不先決定好第一秒要做的選擇

（無意識時優先做出的舉止）就危險了。

之所以有慣用手，也是基於相同的理由。如果腦部對右半身與左半身的感覺認知相同的話，就無法躲避朝著身體正中央飛來的石頭，因爲還要花時間思考該往左還是往右。當大腦迷惘的時候，我們的反應就會變慢。

✦腦部經過不同的調節

另一方面，人類男女分別屬於哺乳類的雄性與雌性，採取的生存與生育策略也會因此而不同。

人類女性們有時哺乳期間長達兩年，育兒期間甚至達十年以上。回溯原始部落時代，在荒野中單獨育兒的風險相當高，因此對女性來說，與同伴形成密切交流，互相哺餵小孩或是交換育兒知識以提升孩子的生存可能性，才是最有利的生存策略。隨著演化，女性腦逐漸調節「腦部的第一秒用法」，藉由解析來龍去脈以提升危機迴避能力之餘，同時也與身邊的同伴互相同理。

哺乳類的雄性則必須狩獵與爭奪地盤，所以心情需要保持穩定而非爭取同理，畢竟如果不第一秒解決問題就可能喪命。因此，男性腦逐漸調節出急著解決問題，一心朝向終點的模式。

兩者都是正確的使用方法，但是對話時，因爲一個尋求同理、一個試圖解決問題，所以會雞同鴨講到令人絕望。

• **女性VS女性**之間的對話，容易獲得共鳴：

女1：「昨天我被婆婆說了那樣的話。」

女2：「我懂～我家也是這樣。」

女1：「嗚哇，每次回婆家心情都很沉重對吧。」

女2：「沒錯。」

• 女性VS男性之間的對話，常常不被理解：

女：「昨天我被你媽說了那樣的話。」

男：「……」

女：「你有在聽我說嗎？」

男：「那種話，妳當成耳邊風就好了吧？我媽沒有惡意。」

女：「……」

✦過了50歲之後，包容性會提高

遺憾的是，男性總是誤以爲「女性都很情緒化，我才是正確的」。甚至想著：「我都提供正確建議了，爲什麼完全不打算理解呢？」

只要是人類，任誰都會被自己的「感性」束縛，導致無法理性地客觀看待他人。人類會毫不猶豫地遵循「隨著生育與生存需求調節至此的感性」，因爲腦裡的程式就是這樣寫的。如果換個角度來想，女性的對話方式也是正確的。因爲她們對話的目的，在於產生同理心以消除壓力。

所以，當老婆在抱怨婆婆（也就是你的母親）時，請百分之百站在老婆這邊。只要說句「我媽就很白目」，那麼老婆反而會表示「她也沒有惡意」。面對這種情況，並非需要公正的評論。

不過，到了已經超過生育期間的50歲之後，**人類腦中的生育策略就會鬆綁**。有些人可能也發現，過了某個年紀，似乎漸漸能夠接受與自己不同的人了？我曾聽過「男性到50歲中期會迎來第二次桃花」，這確實很有道理，孔子也提過「六十而耳順」。由此來看，成熟腦也有成熟腦的輕鬆暢快。

（《Comment liner》2019年9月17日）

6 母性的光輝

◆老婆會在生下孩子後變得嚴厲

如果前面提過的，我將人腦視為一種裝置，思考著對它輸入什麼樣的資訊、執行什麼樣的演算，會輸出哪些成果——作為AI開發者，我已經維持這樣的視角30幾年了。

採用這樣的角度時，就會找到與生理學、心理學都不同的答案，例如：母性。將母性定義為「將孩子的生存可能性提升至極致的本能」，就會發現這並不是世間男性所能想像的那種寵愛孩子的方式。

我如果要打造充滿母性的AI，就會將它設計成「將所有資源集中在孩子身上」。爲了擠出能夠放在孩子身上的資源，就可能會把老公視爲「社會允許被搾取」的對象。老公想必也答應過「要讓妳幸福」吧？

既然人類女性的腦中內建這樣的程式，那麼，抱著幼子的老婆們，當然會對老公變得更加嚴厲。在一般情況下，女性想否定某個人的想法之前，通常會先同理對方：「我能夠明白你的心情，但是我認爲這是不對的。」然而面對老公時卻會露出不耐煩的表情，說出「啥？」後就結束這個話題。

換尿布時，孩子卻翻身成不好處理的姿勢，導致母親拿不到擦屁股的溼紙巾。結果在一旁的老公，竟然完全不打算幫忙抽張紙巾，讓老婆氣到眼睛都要噴火了。但是，這時只要輕聲說一句「幫我拿一下」就可以解決問題了，不是嗎？

透過AI設計所預想出的這個情況，也會發生在現實夫妻的身上。我甚至曾經收過這樣的信件：「生孩子之前的家是天堂，現在卻成了地獄。」即使沒有這麼誇張，也很常聽到男性發出這樣的嘆息：「家裡沒有屬於我的地方了。」「老婆的心情總是很差。」在我看來，這都是「母性光輝」已經啓動的象徵，反而覺得有點可愛呢。

✦再怎麼期待老公成為「戰友」都會失敗？

對老婆來說，老公就是戰友，是爲了一起從「搏命生產、育兒」這個戰場中生存下來的同伴。所以我們會期待夫妻之間可以如同軍隊一樣，有絕佳的默契能夠俐落地合作。戰場裡的士兵們會一一拜託同袍「幫我拿一下那個」嗎？

然而，對夫妻來說最大的不幸，就是儘管老婆經歷了懷孕生產這麼殘酷的體驗，以及荷爾蒙的變化一口氣成爲「育兒戰士」，**老公卻因為自己的身體毫無改變，所以心理層面沒辦法一下子就跟上**。不只如此，看到成爲母親後的老婆，體型變得圓潤並充滿慈愛時，更是忍不住鬆懈了下來。這樣的老公，會讓老婆的變化更爲徹底，而這就是「**家庭從天堂變成地獄**」的眞面目。

各位老婆必須理解：「要男性做好育兒戰友，以極佳的默契與自己互相配合，是非常難實現的。」不採取「下達指令、給予嘗試機會後稱讚」就培養不出稱職的新手爸爸。在男女分工極度分明的過去，女性從一開始就放棄對老公的期待了。現在雖然沒必要放棄，但是誤以爲「老公與自己相同，所以理應明白」的念頭是相當危險的。

學校總是告訴我們「男女之間並無不同」，但是如果將其誤解爲男女擁有「相同感性的大腦」，等到了面臨「養育幼子」的階段時，男女雙方都會因爲對方的無能與無情感到震驚不已。所以希望各位老婆能夠明白，自己的大腦對老公其實太過嚴格了。

（《Comment liner》2019年11月7日）

7 女性為何不回答5W1H？

✦夫妻對話時的雞同鴨講

前陣子有場「感性溝通～藉由理解男女腦差異提升組織力的講座」，我收到了值得玩味的提問。提問者應該是位50多歲的男性管理階層，他的問題是：「爲什麼女性不願意直接回答問題呢？」

根據他的說法——前幾天回家時，看見老婆穿著一條沒看過的裙子，心想應該是新買的吧？所以就詢問：「那條裙子是什麼時候買的？」結果老婆卻回答：

「很便宜。」由於老婆遇到5W1H的問題時，常常不直接回應，所以他一直都覺得很不可思議。

爲什麼不願意回答「是什麼時候」呢？

哎呀，我才想問你爲什麼一下子就要「確認規格」呢。

既然認爲是新裙子，說句「很好看耶」或「很適合妳」不就好了嗎？

這個問題聽在管理家用收支的人耳裡，就等於是「什麼時候（瞞著我）買的」，才會順口回答「很便宜（所以才會沒有告訴你）」。

✦用心回應

「爲什麼要這樣呢？」

「不是因爲你完全不幫我嗎？」

「配菜只有這些而已嗎？」

「我也很忙好不好！」

儘管老公只是單純想確認而已，卻會有砲火突然從意料之外的方向飛來。因爲心思靈敏的優秀女性們，會將這些問題解讀成「這樣不行」、「妳整天在家卻只準備這些嗎」。**女性提出的5W1H的背後都有含意**，所以當然也會這樣解讀男性的提問。

「你爲什麼要這樣呢？」當女性提出這個問題，問的不只是「爲什麼要這樣」，而是「我已經講過那麼多次了，你還繼續重複相同的行爲，實在令我感到絕望」。想解決這樣的問題，就必須爲眼前的事實由衷地道歉：「對不起，讓妳不開心了。」只說「啊～抱歉，我太忙了就不小心……」的話是解決不了任何問題的。

身爲老公的人，如果曾經被問到「工作和我，哪個比較重要」，這題的答案也不是眞的要求回答工作或我，老婆期待的正確答案是「抱歉讓妳覺得寂寞了」。道歉時，請對老婆的心情道歉，而不是急著主張眼前的事實（妳當然很重要）。儘管對男性來說，這個問題就只是字面上的意思而已……

✦願意展現弱點的人反而很可愛

在外工作奔波的人，可不能才剛說完「我回來了」之後，馬上就對家人提出

5W1H。想要敞開心胸聊天是有訣竅的。其中最有效的，就是注意到對方的良好變化，給予稱讚或慰勞，像是：「很棒耶（很適合妳）（很漂亮）！」「啊，是我最喜歡的茄子咖哩！」「妳換床單了嗎～」

覺得很困難的話，就善用「製造話題」的方法吧。首先可以談點自己的事情，引導對方跟著提出話題。比方說：「我今天中午吃了麻婆豆腐餐，結果好辣喔。」「堤防上的櫻花已經開了呢。」「有位女性部屬今天這麼說我……」「〇〇工作好辛苦喔。」

有時候展現弱點，也有助於表達出對家人的愛。努力的老公只對自己展現軟弱的一面時，那該有多可愛呢？從頭到尾毫無破綻的人，是無法與他人締結羈絆的。因爲羈絆（kizuna）裡是有「傷（kizu）」的。

（《Comment liner》2020年3月2日）

8 預防新冠離婚的訣竅

◆史上最大的夫妻危機？

這幾年，世間開始傳出「新冠離婚」這個名詞。分別專注於工作與育兒的男女（也就是年齡正處於腦部繁殖策略最強悍時的男女）一天24小時都待在家裡——要說這是史上罕見、人類最大男女危機也不算言過其實。因爲要讓繁殖活動中的男女和睦相處，最好的方法就是避免待在一起。

因此，讓老公在不具備任何相關知識的情況下，持續待在老婆的地盤（＝家庭），其實是一種非常危險的行爲。所以我想先在這裡花一些篇幅，傳授各位幾個訣竅。

✦讓老婆火大的「一直放著」

根據針對40多歲老婆們的問卷，可以發現對老公不滿的原因壓倒性的第一名正是「一直放著」。用過的杯子一直放著、脫下來的襯衫一直放著——這些不僅要費心思整理，還會打斷家事的動線，對生活時間的壓縮程度意外地高。

某位女性表示：「結婚20年來，我不斷要求老公洗澡後喝完啤酒的杯子不要一直放著，但老公總是不願意盡快收拾。每天早上拿著散發酒臭味的杯子，清洗硬掉的泡沫時就會覺得很難再和這個人生活下去了。這樣的情緒波動如果再強烈一點且無法恢復的話，我們之間就徹底完蛋了。」離婚原因是啤酒杯——光是這樣講的話，各位老公應該無法理解吧？但是這對老婆造成的壓力就是如此龐大。

「前陣子，我要求正在脫T恤的老公直接把衣服丟進洗衣機後，老公竟然跨過地上的棉褲，只把T恤放進洗衣機而已，實在是太過分了。」其他還有許多老公在生活上的粗枝大葉，讓老婆們一肚子火。

但是我想告訴所有老婆們！對大部分的男性來說，要讓他們「注意到腳邊的褲子或桌上用過的杯子」比想像中還要困難。女性光是在電視廣告時去一趟廁所，就已經完成了好幾樣工作。

比方說，起身之後收走桌上的髒杯子，回來時摺好在玄關晾乾的傘，然後順便擺齊家人的鞋子。儘管已經做了這麼多事情，還不忘拿來擦桌子的抹布把桌面擦乾淨。這麼強大的工作效率，既是讓生活順利運作下去的祕訣，也是女性深愛家人與家庭的證據。

儘管如此，老公卻總是單純去趟廁所，看也不看一眼髒杯子與等待收拾的傘。這種毫不在乎的行事風格，彷彿一點也不在意這個家一樣，才進而讓老婆感到絕望。

✦去上廁所時順便做一件事情

但是，如同前面章節提過的，大多數男性都是終點導向解決問題型，決定好目標之後，大腦就會刻意過濾或排除「眼前的各種雜事」，避免注意力轉移。因爲男性腦是從獵人的腦進化而來，決定好要狩獵某隻兔子時，就不能把目光轉移到其他事情上，像是「啊，玫瑰開了」、「啊，草莓成熟了」等。所以當男性決定好「去廁所」這個目標後，就不會注意到杯子與傘。

另一方面，女性腦格外擅長細心留意「周遭的各種雜項」。不僅會發現孩子的細微健康變化，在傳統社會裡，若在外出採集時遇見莓果或藥草，就會一併摘回來。**如同男性耗費數萬年的光陰，演變出僅專注於目標的大腦，女性也進化成能夠同時留意多種事項的大腦了**。所以不能期待對方一下子就變得「和自己一樣」，請老婆們多多寬待吧。

至於各位老公們請刻意要求自己去上廁所時，順便找一樣家事來做吧。去程辦不到的話，至少回程時多做一件事也好。甚至去三次廁所中，只要有一次能夠順便做點事情，老婆就能夠感受到你的用心了。像這樣表現出對家庭與家人的愛，自然就能夠在這裡找到自己的歸屬。無論是遠端工作的老公，或者是退休的老公，都請務必熟知這個技巧。

（《Comment liner》2017年4月27日）

Chapter 5

領袖的條件

喚起幹勁與好奇心的祕訣

大腦裡有個功能，會像鏡子般將眼前人的表情與舉止，
完全反映在神經系統，負責這個工作的就是鏡像神經元。

相信每個人都有過這樣的經驗——
看到他人滿面笑容時，就忍不住跟著露出笑容。
表情與舉止是會傳染的。

如果有人具備「讓周遭人露出笑容的能力」，
那肯定是因為這個人本身的表情就「充滿好奇心、幹勁與喜悅」。
由這種人領導的團隊，當然也能帶來更好的結果。

1 無法順利點頭的人

✦從母職中培養出的能力

有一種腦部習慣，是聆聽他人說話時就沒辦法順利點頭。聽人說話的時候，我們通常會在適當的時機點頭，以表現出同理。這是嬰兒時期透過與母親的交流（母職）所培養出的能力，不是懂事之後才由某個人教會的技能。

母職，指的是牙牙學語期間的母子對話。當嬰兒發出「噗」、「啪」的聲音時，母親會自然地給予回應。例如：嬰兒說著「噗呀」，嬰兒發出「啪」的時候，母親會說「你在噗呀」。母親會接受嬰兒的所有聲音，彷彿這些都是有意義的話語。這時的雙方會在不知不覺間，逐漸使用一致的音程。

其實，鯨魚也會有相同的行為。我在小笠原的海洋，曾聽過以「歌手」聞名的座頭鯨母子一搭一唱。當小鯨魚發出短促的「滋哦」時，鯨魚媽媽就會回以「滋哦、哦～哦哦～」等。就像是接受小鯨魚發出的所有聲音，並稍微添加「話語」一樣。座頭鯨的叫聲同樣有音程與節奏，據說還會根據各自的洄游區域而有不同的方言。我想，這也是理所當然的，畢竟鯨魚交流用的語言也都是從母親身上學來的。

群居動物會互相叫喊或觸摸，以實現情感上的交流，而這也可以說是一起生活、一起工作的基礎。

✦以下犯上的部屬

然而，人類世界卻時不時會出現無法這麼做的個體。像是無法透過與家人對話習得點頭技巧的人，和主管對話時當然也無法點頭。症狀嚴重時，甚至會被確診爲發育障礙。近來很常聽到的亞斯伯格症，就是其中之一。這類人有時會被當成「奇怪的人」或「不好相處的人」，儘管當事人沒有惡意，卻無法對他人的情感產生同理。

這樣的部屬往往令主管滿心挫折。因爲部屬無論如何都不會點頭，所以主管下達指令或是指導時會產生強烈的壓力，有時甚至忍不住出聲詢問：「你有在聽我說話嗎？」不過，部屬其實很認眞在聽，所以被罵時反而一頭霧水，只能驚訝地瞪大著雙眼。

他們沒辦法依照他人的舉止行事，所以也表現得不太機靈。結果該做的事情卻不曉得要做，被主管罵「爲什麼不做」的時候還會反駁：「有人叫我做嗎？」甚至有人會因爲「明明沒有人下達指示，卻責怪我不做」而主張自己受到了職場霸凌。這樣的部屬，經常讓主管疲於奔命。

✦可能是「卡珊德拉症候群」

但是，無法點頭的部屬，同樣感到不知所措。他們無法確認點頭的時機，自然就難以參與對話，受邀一起吃午餐的機會也很少。當事人會認爲「大家不肯讓我參與話題，總是忽視我」，所以仍然會有感到難過的時候。

不好相處、做事情不夠機靈，卻反過來怪公司和主管不照顧自己。明明不是眞的個性不好（當事人其實很誠懇），對主管來說卻是最難搞的部屬。所以建議盡早訓練這種部屬的「點頭」技能。

亞斯伯格症身邊的人如果出現精神方面的症狀時，就會被診斷爲卡珊德拉症候群，主要症狀包括失眠、頭痛、心悸等。在這個用手機帶小孩的時代，準亞斯伯格症的人數確實在增加中，所以準卡珊德拉症候群患者也隨之增加。

如果發現職場上有人精神開始出狀況時，建議確認周遭是否有「無法順利點頭的人」。在仰賴藥物治療之前，不妨先想想身邊是不是有人苦於卡珊德拉症候群，有時還會發現自己正是卡珊德拉症候群患者。

在他人垮掉之前發現原因，是防止人們在職場上精神出現狀況的第一步。

（《Comment liner》2017年11月7日）

2

無風險有時會成為最大的風險

✦徹底隔絕陽光所帶來的危險

佝僂症再度流行起來一事蔚爲話題。這種疾病會導致骨骼變軟，使足部或背部彎曲，以前是因爲糧食不足所引起，但是在普遍認爲紫外線對皮膚不好的現代，在「徹底隔絕日光的嬰兒」身上也可能發生。

新聞中甚至提出了這樣的警告——佝僂症在昭和40年代（1965至1974年）已經從日本完全消失，導致有許多醫生都沒有親眼見過，所以往往拖很久才被診斷出來。

維生素D是骨骼重要營養素，人體接觸到日光時，體內就會自動生成與合成。雖然也可以透過食品攝取，但是含量很少，很難單憑這點來攝取充足的量。因此，太擔心曬黑而徹底隔絕紫外線的話，就可能因爲缺乏維生素D導致骨骼發育出現異常。

我的育兒時期大約在30年前，當時曬太陽是每天的例行公事。從更早以前的時代，讓孩子外出玩耍就已經是育兒的基本之一。在歐洲這種緯度高、冬季日照時間很短的地方，日光浴甚至成爲全民運動。

這種人類一直以來都在做的事情，背後往往有其意義。儘管如此，現代人卻讓小孩從0歲就戴上墨鏡隔絕陽光，即使到了擔心骨質疏鬆症的年紀，不僅戴著連臉部都用黑布覆蓋的遮陽帽，還搭配長手套與陽傘。這麼做確實會使肌膚白皙，但是對骨骼眞的好嗎？

徹底隔絕某物是否反而帶來危險呢？

我認爲生而爲人，都必須暫停腳步，鄭重思考一下。正經八百的日本人與「資訊過多的社會」非常契合，但是這樣的契合也令我感到擔憂，因爲這可能使人不懂得適可而止。

✦藉由生病才能獲得免疫力

前幾年在NHK的早晨節目中，有位主婦這麼表示：「孩子因爲擔心罹患新冠肺炎，已經不敢出門散步了。」同時還提到「即使緊急事態宣言解除，仍貫徹殺菌的工作」。因此，女兒放學回家後，除了要洗手、漱口以外，還必須拿出書包裡的鉛筆一根一根消毒。在貫徹消毒工作的過程中，女兒逐漸產生了「不想死」的恐懼感，最後連散步也不願意去。另外，甚至還有小孩洗手洗到不肯停下來的案例發生。

我也不希望因爲感染疾病造成任何一位犧牲者，同樣不希望即將迎來漫長人生的孩子們，因爲新冠肺炎的後遺症而苦不堪言。

但是長期維持這樣的消毒生活，會連原本應該得過的疾病都隔絕在外。我兒子還年幼的時候，固定在看的小兒科醫師曾告訴我，孩子在12歲之前必須感冒一百次，以獲得各式各樣的免疫。

✦讓孩子進入無菌化狀態時

這位醫師也不建議施打流行性腮腺炎的疫苗，因爲實際罹患過所獲得的免疫力更加強壯。

「現在使用的疫苗，比較短的僅能保護12、13年而已。男孩子若在青春期染上流行性腮腺炎的話，可能會導致無精症，如此一來，疫苗反而會對人體帶來傷害。不妨讓孩子在幼兒園時期自然染上，等到10歲都還沒得過流行性腮腺炎後再施打疫苗。」

疾病雖然令人痛苦，卻也是讓身體更強壯的一環。儘管如此，現在卻追求讓孩子們感到走投無路的無菌化生活，這樣眞的好嗎……？

我在研究腦部系統的過程中，發現「失敗」與「心痛的回憶」對大腦成長來說都是不可或缺的。完全排除風險的人生，也難以得到正面的報酬。事事追求無風險的話，有時反而會帶來危險。我們都必須牢記這件事情。

（《Comment liner》2020年7月2日）

3 「符合當下情況的道理」使女性腦萎縮

✦工廠與家庭各異的工程世界觀

某天有位50多歲的男性生產技術專家，說了這樣的話——老婆在爲水壺裝水時裝到滿出來了，所以他就提供建議：「如果要邊裝水邊做其他事情的話，水龍頭就不要開得那麼大。只要算好完成工作的時間，把水龍頭轉小一點就好。」結果卻被罵了。

「我應該沒有說錯話吧？」他的表情充滿了困惑。

沒錯沒錯，這就是生產管理的基本「關鍵路徑法」。在多工處理的工程中，要以最花時間的工程（關鍵路徑）爲準，安排其他任務的順序。不這麼做的話，要不是其他工程會亂掉，就是零件會堆到滿出來。這對工廠的產品經理來說，是深入骨髓的觀念。

但是請等一下。工廠與家庭的世界觀，其實是不一樣的。

✦老婆為什麼會生氣？

女性腦並不是從爲水壺裝水前，就已經計畫好「這段期間要做什麼」。而是在裝水的過程中，順手去做她注意到的事情而已。結果又順便做了其他的事，於是水壺中的水就在收拾的過程中滿出來了。

如果不採取這種偶發性且有些缺乏責任感的任務啓動模式，像家事這種追求臨機應變且看不見盡頭的多重任務，就一輩子也處理不完。

家事屬於多工作業系統，舉凡水壺的水滿出來、鍋子燒焦等都是「可預期」的事態。容忍一定程度的風險，能夠有效降低整體壓力。因此，在這個系統當中，「預先調整水龍頭的水流」是毫無意義的建議。儘管如此，這確實是「符合當下情況的道理」，所以無法反駁的老婆聽完才會一肚子火。

從我的角度來看，女性腦這種「承受不致命小風險的減壓多工處理系統」，對現今社會來說也有其必要性。

✦在新冠肺炎中為世界派上用場的「女性腦」

在新冠肺炎肆虐的那幾年，紐西蘭與芬蘭的女總理因爲良好的應對能力而備受討論。東京都也是由女性市長面對新冠肺炎的挑戰，或許女性腦本能的潛力，會因此派上用場也不一定。

我有時會感受到「時代已經在做準備了」。進入2000年代後，世界各地興起了促進女性活躍的潮流，女性領袖一口氣增加了許多。在這種全球都得共同面對的大問題當中，也可以看出女性腦素養對世界來說是必要的。

儘管如此，具備男性腦的人經常看不見「女性腦」的潛力。如果要用「男性腦理論」來一一指點女性領導人物們的做法，她們就無法發揮本領。

當然，反過來說也一樣。男性腦素養對大型組織來說同樣不可或缺，所以這邊也不建議女性有過多的干涉。男女性腦都不應對彼此吹毛求疵，不妨以睜一隻眼閉一隻眼的方式守護彼此吧。

（《Comment liner》2020年8月27日）

4 成為領袖的條件

✦韓劇主角的臉

雖然已經過了一段時間，但是我最近看了很受歡迎的韓劇《梨泰院Class》，爲這齣戲的能量深深著迷。

故事講述一位爲了堅定不移的信念而對抗社會上的蠻不講理，結果意外有了前科的年輕人，跨越「國中學歷、前科、沒有後盾」這樣的難關，在餐飲業努力往上爬。這種暢快感可不是蓋的。

要說這齣戲最大的優點，就是主角絲毫不認爲自己是受害者，反倒是帥氣地享受著在大家眼裡殘酷的人生。看著主角們的臉，讓我想到了「領袖的條件」這句話。

有位名叫白川由紀的攝影師，深深迷上了非洲的風景，因此她年輕時獨自在非洲大陸浪跡天涯。某天我有幸與她一起喝酒，當時她提出了這樣的問題：「妳覺得成爲領袖的條件是什麼？」

面對一臉疑惑的我，她又繼續說道：「我在非洲造訪了許多聚落，每個地方都很歡迎我，甚至爲我設宴。而每次聚落領袖入場時，我都一眼就看得出來，而且百發百中。」

我對此毫無概念，所以便追問答案。這時她如此回答：「我覺得是讓周遭人面露笑容的能力。因爲領袖入場時，每個人都會露出開心的表情。」

✦讓周遭面露笑容的能力

身爲大腦的研究者，我立刻有了靈感——這就是鏡像神經元！

在第一章提過，大腦裡有個功能，會像鏡子般將眼前人的表情與舉止，完全反映在神經系統，負責這項工作的就是鏡像神經元。相信每個人都有過這樣的經驗——看到他人滿面笑容時，就忍不住跟著露出笑容。

也就是說，表情與舉止其實是會傳染的。如果有人具備「讓周遭人露出笑容的能力」，那麼如前所述，肯定是因爲這個人本身的表情就「充滿好奇心、幹勁與喜悅」。

而表情雖然代表了情感的輸出，其實同時也具有輸入的功能。雖然人類會因爲開心而露出喜悅的表情，但是跟著他人露出笑容時，也會誘發「開心時的神經訊號」，產生與自己露出眞心笑容時相同的心情。

也就是說，**讓周遭露出笑容的人，是先以自己的表情感染他人，喚起人們腦中的「幹勁與好奇心」**。由這種人領導的團隊，當然也能帶來更好的結果。隨著成果的累積，這類人自然也會一直往上爬。

✦人生取決於表情

詮釋《梨泰院Class》主角的演員朴敘俊，可以說是剛剛好的範本。他的表情散發出率性的喜悅，當周遭人感染這樣的表情後，就會將不可能化爲可能。長大成人之後，人們就有責任控制自己的表情，而**引導部屬與家人的第一步，就是「表情」**。

反之亦然，如果主管總是嘴角下垂、一臉不高興，部屬也會跟著不幸。被染上「缺乏幹勁」、「煩躁」與「卑微」的同時，還是不得不繼續努力。同樣地，如果父母是這樣的人，孩子的人生也會變得煎熬。被染上「總是失望煩躁」的表情後，該怎麼做才能夠使好奇心湧現，甚至幹勁滿滿地學習呢？

覺得周遭人缺乏幹勁時，必須反省一下自己的「表情」。帶著一身疲憊回家後，對方臉上不也會跟著露出疲憊嗎？沒錯，成年人可不能放任內心「毫無掩飾地流露」。但是笑容能夠帶來笑容，從結果來說能夠讓人生獲得療癒。要說人生取決於表情的話，或許一點也不誇張吧。

（《Comment liner》2020年10月21日）

5

「遠距工作」所欠缺的條件

✦從實際互動轉變成遠距

經過人稱次世代通訊規格「5G」的元年（2020年），加上新冠肺炎的推波助瀾下，使遠端工作的數量劇烈增加。

儘管很多人害怕如此急遽的變化，但我自己是不太擔心，因爲這也是一種時代的流動。最終人類會慢慢習慣遠端交流吧？儘管會有比實際交流還不理想的部分，但肯定會出現可以彌補這一點的App。

但是現在還屬於過渡時期，仍有一些必須留意的事情。

✦無意識間的資訊

遠端交流時最應留意的，就是「無意識間的資訊」不足。

事實上，潛意識能夠捕捉到的資訊，是顯意識的幾十倍。舉例來說，認知科學中有一種名爲「雞尾酒會效應（cocktail party effect）」的聽覺作用。意思是身處雞尾酒會（或是車站大廳等）這類吵雜的地方，仍然可以注意到有人喊自己的名字。即使喊名字的音量，比周遭的音量還要小也一樣。

比方說，如果聽到自己的名字、搭乘的列車名稱、有興趣的字眼……這些都能夠從吵雜環境中清晰地跳脫出來。但這並不是大腦能夠解析「吵雜」的聲音波型，再從中鎖定特定的字眼，因爲腦部並不曉得「自己該準備聽見什麼樣的字眼」，它可沒空從數以百計的波形當中，一一預測、解析並找出會觸動自己的

「某個關鍵字」。

既然如此，答案就只有一個。那就是潛意識能夠注意到的聲音，是顯意識的好幾倍。**當潛意識判斷「必須顯化這句話」的時候，顯意識才能夠注意到。**由此可知，大腦所接收到的資訊，比我們以爲的還要多了幾十倍。

✦遠端工作的可怕之處

然而，遠端工作的問題點就在這裡。除了刻意拿出來交流的資訊之外，其他的都幾乎被隔絕了。在面對面交流的情況下，我們會在不知不覺間感知對方的表情與舉止，還能夠看見他人和主管、顧客對話的場景。就連與自己毫無關係的團隊動向，也能夠隱約掌握得到。

潛意識中獲取的資訊持續累積，就會對將來的「第一秒行動」、「體悟」與「發想」產生影響。

現實生活中的資訊量遠比想像的還要多，現代人最好要記住這件事。尤其是處於腦部輸入期間的未滿28歲年輕人，絕對不能讓他們獨自待在電子空間中。

無法見識他人的失敗，會使年輕人的大腦萎縮。實際待在辦公室的時候，能夠看見前輩意外失敗後被客戶責罵，或者受到顧客諷刺的場景。儘管如此仍毫不畏懼地果敢挑戰，還能夠輕巧應對困境的前輩身影，能夠讓年輕人逐漸不害怕失敗與挨罵。

但是遠端工作時，可沒人會特地告訴後輩這些日常生活中的小挫折。無法目睹他人的失敗時，就會開始恐懼失敗，甚至也無法習得彌補錯誤的方法。年輕人會因此失去許多體驗的機會，這是遠端工作最可怕的事情。

最理想的情況，是不要只有開會時才上線，而是設置較輕鬆的線上辦公室環境。比方說，能夠感受到他人的動靜，甚至可以在不經意的情況下，聽見他人「在遠處的對話」等，讓全部成員互相聯繫。

至少應該設計出某種系統，讓後輩能夠看到前輩與顧客往來的信件之類的。然後遲早有一天，會有專爲遠端工作打造的AI，能夠吸收前輩們的經驗並代爲告訴後輩。

（《Comment liner》２０２０年12月９日）

6

現實生活也需要按「讚」

✦對「提議」的回覆也有性別差異

我最近不禁思考，男性和女性對「提議」的素養也不同。

舉例來說，有女性提議「要不要吃〇〇」的時候，想拒絕的男性多半會反駁：「〇〇有□□的問題，所以不行。」

老婆：「要不要吃卡波納拉義大利麵？」

老公：「口味太重了，我最近很累，饒了我吧。」

這是我家實際發生過的對話。如果彼此是熟識的女性朋友，幾乎不會這樣回應的。換作是女性朋友應該會這麼回答：「卡波納拉嗎？聽起來很不錯，口感很濃……不過我現在比較想吃蕎麥麵耶，有間店的雞肉絲湯麵很好吃，我一直想介紹給妳。」

✦面對女性時要用「精心打造的回應」

女性要反駁他人的提議時，不會採用正面否定法。這是數萬年來，女性合作育兒所演化而來的女性腦功能之一。「我討厭那個口味耶，抱歉」當然不是說這種答案有問題，因爲這是個人的感想，並不是在否定對方。問題在於男性會說出「卡波納拉這個提議不好」，彷彿是以客觀的立場給予評價一樣。

恐怕對於男性來說，所謂的提議就是提供自己眞實的想法，讓對方思考要不要接受。眞要反駁的時候就必須準備好正當的理由，所以他們會習慣採用客觀的反駁法。

但是對女性來說，**提議就等同於一種「精心招待」**，也就是向對方展現「我有這樣的想法喔，這是爲了讓你開心而想的」。因此，先用「很好呀」接受之後，再採取「精心打造的回應」才有禮貌。

也就是說，和女性討論用餐事宜的時候，可不能「毫無想法」。主動邀對方去約會時，竟然還問對方「想吃什麼？」就太令人髮指了，應該採用「我想帶妳去吃○○」、「有間○○想介紹給妳」的說法才行。

夫妻倆都因爲休假或週末而長時間待在家中時，也應特別留意。每天詢問「午餐要吃什麼？」的話，夫妻間容易產生摩擦。有時候也應主動提議：「要不要吃麵？我去燒開水吧。」「要不要烤冷凍披薩？」「出門散步一下，順便買便當回來吃吧？」

✦部屬提議時必須先稱讚

同樣的道理，當部屬呈上提案的時候，第一步也必須先說出「很好呀」。雖然有些主管會認爲必須在拿出一定成果時才能夠稱讚「很好」，但是其實努力的過程也值得稱許。即使部屬交出的提案很差，也得先試著稱讚「你注意到很不錯的地方」、「很有幹勁嘛」、「想法很豐富喔」等。請做好覺悟，**無論部屬給出什麼提案，都要先用按讚的態度去接受**。

習慣之後，腦部自然會切換模式，未來無論部屬交出什麼樣的提案，都能夠從中找出優點。如此一來，部屬或許就會如此評價自己：「那個人對工作很嚴格，但是能夠明白部屬的心情。」

這對男性部屬也同樣有效。現在愈來愈多男性在一下子就被否定時，同樣會感到受傷。這大概是受到社群網站的「讚」所影響。或許是因爲「讚」這個按鈕的存在，人們已經習慣較委婉的交流方式了。

所以沒錯，現實生活中也要懂得按「讚」！想要讓家人與部屬知道，他們的提議令人開心，那就要學著說出「很好呀」、「太好了」。就算眞的必須反駁，也請放在這之後。

（《Comment liner》2021年2月10日）

7 成熟男性的三種等級

✦交流的成熟度

交流的成熟度可以分成三個階段，包含：

・隨意說出自己想法的「兒童等級」。
・暢談自家事情（事實）的「青少年等級」。
・顧及對方情況並撫慰對方心情的「成年人等級」。

舉例來說，聽到老婆或母親在抱怨什麼事情的時候，「好煩喔」、「真火大」、「……」這種回答屬於兒童等級；「不用你說我也懂」、「因爲〇〇的關係，這也沒辦法」、「我本來就打算之後會做了」屬於青少年等級；唯有能夠說出「抱歉讓妳操心了」、「讓妳不開心了呢」、「對不起沒有注意到」才算得上成年人等級，也就是等級三。

再舉個例子，假設遲到後趕到目的地時，表示「我太忙了，時間又很趕」是等級一；「出門時剛好接到工作上的電話」屬於等級二；「很冷吧」、「肯定很擔心吧」則是等級三。

各位和珍惜的人們對話時，會採用哪種等級呢？

✦先安撫對方的心情

我最近再度迷上了韓劇，自《冬季戀歌》以來睽違了好多年。沉迷於韓劇的理由，在於角色們的對話可謂等級三的寶庫。韓劇中的帥哥們，經常會說出等級三的台詞。

在某齣電視劇中，女性自顧自地誤會後感到受傷，並因此憎恨起男性。當這位男性察覺到事實時，便淚眼汪汪地悲傷表示：「沒想到竟然讓妳產生了這樣的想法。」如果是日劇的話，肯定會把球踢回去：「是妳誤會了喔。」

韓劇的帥哥們會對心愛的女性獻上純淨的眞心，但是面對事實時卻絕對不會讓步。聽到母親要求「和她分手」時會連「沒想到讓妳這麼悲傷」這句台詞都說不完就流淚了，但是卻絲毫不打算和女朋友分手。韓劇帥哥的心靈與事實之間有通訊線路連接，所以儘管事實上絲毫不打算讓步，在溝通時還是願意撫慰對方的心靈。

指責對方「過分」的時候，對方卻回以「充滿悲傷」的話，沒有一個人能夠繼續窮追猛打。多數人肯定都會表示：「算了，我知道你也很爲難。」

但是，指責對方「過分」時，如果對方回以「這也沒辦法」、「有錯的是你才對吧」，那麼，溝通就會陷入泥淖。在韓劇中，立場較弱勢的人通常會藉由等級一的溝通流露出豐沛的情感，但是成熟的父母、優秀的主管與主角們，都會使用等級三。

✦國際關係、社會與家庭

朝鮮半島在中世紀時受到中國統治，時不時也得應付日本這一邊的壓力，儘管如此，仍能固守自己的語言與文化，讓我不禁佩服他們的溝通能力之強大。

或許日韓關係會碰壁甚至惡化，原因也包括溝通等級的問題。以慰安婦議題來說，對日方來說事實就是事實：「這是韓方的誤解，戰後也已經妥善處理完畢。」但是或許必須先認同對方的情緒才行。「即使其中有誤解，但是確實有人因此而悲傷，過去的事件導致這些人必須背負沉重人生，實在令人哀嘆。」如果沒有人為此流淚，或許日韓衝突將永遠無法改善。

但是從國際關係的角度來看，這麼做或許很困難吧？如果換成是職場或家庭的話，想必更有機會可以辦到，請各位多多嘗試使用等級三的溝通方法吧。

（《Comment liner》2021年4月7日）

8 「珍惜每一位員工」其實很危險？

✦「馬上否定」是信賴的證據

我有個提議，那就是「位居上位者，必須以『很好呀』接受所有提案」。不要一下子就指出問題點，要先說著「這個切入點很棒」、「確實合理又不錯」等話語「祝福」提案的心意後，再指出必須改善的地方。

以前曾流行過「說不出No的日本人」這句話，但是日本人在面對部屬與家人時，卻一下子就會說出「因爲〇〇所以不行」。義大利人聽到他人提議時會用

「Bene（很好呀）」接受，英語圈的國家也會說完「這是很好的想法」後再否定。也就是說，用「很好呀」接受對方的心意，再冷靜按照事實處理（該否定時就清楚否定）是世界的主流。

但是，我其實不討厭這種馬上指出問題的風格。在我還年輕的時候，主管可不用會「想法很好喔」這種溫暖的話語來回應我的提案。

「資產調度的部分妳打算怎麼處理？」

「我還沒想到。」

「笨蛋。妳以爲這是七夕的許願籤嗎？把夢話寫出來是要怎麼執行？」

「了解。」

這樣的對話可說是家常便飯。因爲彼此都是工程師，所以這種坦率表達的時刻也是彼此信賴的證據。我在意的不是「他人對自己的評價」，而是「成果的品質」，所以他人指出問題的時候，反而「很慶幸有人及早注意到」，而不會覺得「自己的努力全部化爲烏有」。

✦用「壯闊的目標」使年輕人得以成長

「馬上就被指出問題也幾乎不在意」、「被罵了之後反而感受到對方的期許，所以很開心」──我經歷過的這種主管與部屬的信賴關係，如今卻已經成爲過去式了。

每一位企業職員在以前都只是一個小小的齒輪，也是打造出成果的工蟻。**現在的企業主角則是「每一位職員」，人們規劃職涯時的目標，也都是成為「理想的自己」**。

但是我卻因此覺得年輕人很可憐，因爲當「理想的自己」成爲腦中目標時，如果因失敗而被罵時，大腦就會失去目標並感到絕望。但是將目標設定爲「團隊成果」時，會覺得「自己」被罵只是小事而已。

我能夠變得頑強多虧了當時的社會風氣，至今，我還是很懷念能夠互相在第一秒指出問題的人際關係。但是這應該會隨著時代漸漸流逝吧？

儘管如此，我還是認爲想讓年輕人茁壯，就必須培養出專注於「團隊成果」的目光，而非聚焦在個人。就算要爲了目標犧牲，內心也會變得比較輕鬆——我希望年輕人能夠養成這種感覺，爲此需要更壯闊的目標。

這個時代最需要的，或許就是大家會想齊力完成的大型專案吧。

（《Comment liner》2021年8月4日）

悅知文化
Delight Press

線上讀者問卷 TAKE OUR ONLINE READER SURVEY

言行與自己不同的人，正是能夠組成最強搭檔的對象。

——《職場使用說明書》

請拿出手機掃描以下QRcode或輸入以下網址，即可連結讀者問卷。
關於這本書的任何閱讀心得或建議，歡迎與我們分享 ◡̈

https://bit.ly/3ioQ55B

職場使用說明書

透過AI解析大腦神經迴路，掌握持續進化的法則！

作　　者　黑川伊保子
譯　　者　黃筱涵
責任編輯　李雅蓁 Maki Lee
責任行銷　鄧雅云 Elsa Deng
裝幀設計　Dinner Illustration
版面構成　譚思敏 EmmaTan
校　　對　葉怡慧 Carol Yeh

發 行 人　林隆奮 Frank Lin
社　　長　蘇國林 Green Su

總 編 輯　葉怡慧 Carol Yeh
日文主編　許世璇 Kylie Hsu
行銷經理　朱韻淑 Vina Ju
業務處長　吳宗庭 Tim Wu
業務專員　鍾依娟 Irina Chung
　　　　　李沛容 Roxy Le
業務秘書　陳曉琪 Angel Chen
　　　　　莊皓雯 Gia Chuang

發行公司　悅知文化　精誠資訊股份有限公司
地　　址　105台北市松山區復興北路99號12樓
專　　線　(02) 2719-8811
傳　　真　(02) 2719-7980
網　　址　http://www.delightpress.com.tw
客服信箱　cs@delightpress.com.tw
I S B N　978-626-7537-05-3
建議售價　新台幣380元
首版一刷　2024年8月

國家圖書館出版品預行編目資料

職場使用說明書：透過AI解析大腦神經迴路，掌握持續進化的法則！／黑川伊保子著；黃筱涵譯. -- 初版. -- 臺北市：悅知文化精誠資訊股份有限公司, 2024.08
256面；14.8×21公分
ISBN 978-626-7537-05-3（平裝）
1.CST: 職場成功法　2.CST: 工作心理學
494.35　　113010496

建議分類｜商業理財